| English | Vietnamese |
|---|---|
| earth | mát |
| ~ side | ~ bên/ phía |
| 12 square socket wrench | cờ lê đầu ống 12 giác |
| 20 hour rate | Một tỷ lệ để biểu thị dung lượng của pin |
| 2-cycle engine | Động cơ 2 chu kỳ |
| 2nd class diesel car mechanic | Thợ sửa xe diesel hạng 2 |
| a diversity of | sự đa dạng của |
| a few | một vài |
| a little | một chút |
| A/R ratio | Tỷ lệ A / R |
| Ability | thực lực |
| Abolition | Bãi bỏ/ hủy bỏ |
| about | trong khoảng |
| abrasion resistance | tính chịu mài mòn |
| abridgement | rút gọn/ lược bỏ |
| absolute pressure | Áp suất đo từ vị trí chân không |
| Absolutely | Chắc chắn rồi |
| absurd | vô lý |
| Abundant | Dồi dào |
| AC servo motor | Động cơ servo AC |
| accel pedal | bàn đạp ga |
| accel pedal position sensor | cảm biến vị trí bàn đạp ga |
| acceleration | sự gia tốc |
| acceleration sensor | cảm biến gia tốc |
| accelerator pump | Máy bơm gia tốc |
| accessary | Phụ kiện |
| accessories | phụ kiện |
| Accompany | Đồng hành/ theo |

| | |
|---|---|
| Accumulation | Tích lũy |
| accuracy | Độ chính xác / sự chính xác |
| accurate | Chính xác |
| acetylene gas cutter | Máy cắt khí axetylen |
| Achievement | thành quả |
| Acid rain | Mưa axít |
| Acquisition | thu được |
| active control engine mounting | động cơ điều khiển hoạt động gắn |
| active suspension | Hoạt động treo xe |
| actually | thực ra |
| actuator | Thiết bị truyền động |
| Adaptation | Sự thích nghi/ sự phỏng theo |
| add | thêm vào |
| add to | thêm vào |
| addition | Bổ sung / thêm vào |
| Additive | Phụ gia |
| adhesive | kết dính |
| adhesive natural gas vehicle | dính khí đốt tự nhiên xe |
| adiabatic change | thay đổi đoạn nhiệt |
| adiabatic compression | nén đoạn nhiệt |
| adjust | điều chỉnh / Để điều chỉnh |
| adjuster | bộ phận điều chỉnh |
| adjustment | Điều chỉnh |
| Advance | Nâng cao |
| Advanced | Nâng cao |
| advantage | lợi thế/ chỗ lợi |
| advantageous | thuận lợi/ hữu lợi |
| advice | khuyên bảo/ lời khuyên |
| aero parts | Bộ phận hàng không |

| | |
|---|---|
| aftermarket parts | Bộ phận bên ngoài/ bộ phận hậu mãi |
| again | lần nữa |
| aI mark | dấu aI |
| aim | mục đích |
| air cleaner | tấm lọc không khí |
| air flow meter | đồng hồ đo lưu lương không khí |
| air pollutant | chất gây ô nhiễm không khí |
| air pollution | Ô nhiễm không khí |
| air pollution control law | luật kiểm soát ô nhiễm không khí |
| air pump | Máy bơm không khí |
| air spoiler | Máy spoiler |
| air suspension | Hệ thống treo khí |
| airbag | Túi khí |
| Air-con compressor | Máy nén điều hòa |
| Air-fuel ratio | Tỉ lệ nhiên liệu không khí |
| Align | Căn chỉnh/ đồng đều |
| alignment | căn chỉnh |
| alignment | Sắp xếp/ sự xép thành hàng |
| All | Tất cả |
| All around | hoàn toàn/ hầu |
| All day | Cả ngày |
| all floating type | loại tất cả nổi |
| alloy steel | Thép hợp kim |
| Almost | Hầu hết |
| Already | Đã sẵn sàng/ đã rồi |
| also | cũng thế |
| altenative fleon | fleon thay đổi nhau |
| alternator | máy phát điện / dao điện |
| altranative freon | fleon thay đổi nhau |

| | |
|---|---|
| aluminum | Nhôm |
| always | luôn luôn |
| amateur | người nghiệp dư |
| Ammeter | Ampe kế |
| amplifier | bộ khuếch đại |
| amplifying action | hành động khuếch đại |
| analysis | phân tích |
| Anchor network service | Dịch vụ mạng neo (Công ty tái chế má v tính cá nhân lớn nhất) |
| And | Và |
| angle | góc |
| Annoying | Làm phiền / trở ngại |
| Annoying | Làm phiền/ phiền toái |
| Answer | Câu trả lời |
| antenna | Ăng-ten |
| anti-dibe control | kiểm soát chống lặn |
| Anti-freezing liquid | Chất chống đông |
| Anti-theft alarm | Báo động chống trộm |
| anti-vibration type propeller shaft | trục cánh quạt chống rung |
| anything | bất cứ thứ gì |
| anyway | dù sao |
| apparatus | bộ máy |
| apply pressure | thêm áp lực |
| apply pressure | Áp dụng áp lực |
| apprentice | học nghề |
| Approaching | Tiếp cận |
| appropriate | Phù hợp / Thích hợp |
| Approval | Sự chấp thuận |
| arbitrarily | Tự ý |
| area | diện tích |

| | |
|---|---|
| argolism | thuật toán |
| arm rest | tay vịn |
| armature | lõi |
| Armature | Phần ứng |
| Arrange | Sắp xếp |
| arrangement | chỉnh lý |
| Array | Mảng |
| Arrow | Mũi tên |
| artificial | nhân tạo |
| as a result | kết quả là |
| as a result / furthermore | bởi thế |
| As it is | Như nó là |
| As much as possible | Càng nhiều càng tốt |
| as usual | Như thường lệ/ Như mọi khi |
| as you know | Rốt cuộc/ dù thế nào đi nữa |
| asbestos | Amiăng |
| Aspirations | Khát vọng/ ước vọng |
| assemble | tập hợp |
| assembly | Lắp ráp |
| assist motor | motor hỗ trợ |
| assistant seat detection system | hệ thống phát hiện ghế trợ lý |
| assumption | Giả thiết |
| At best | Tốt nhất/ tối đa |
| at last | cuối cùng |
| at least | ít nhất |
| At least | một chút gì |
| at once / for the present | Tạm thời |
| At the end | Cuối cùng |
| at the same time | đồng thời |

| | |
|---|---|
| Atkinson cycle engine | Động cơ chu kỳ Atkinson |
| atmosphere | không khí |
| atmospheric pressure | áp suất không khí |
| attachment | Tập tin đính kèm / bộ móc nối |
| Attendance | Điểm danh |
| Attending school | Đi học |
| auction | bán đấu giá |
| Augmentation | Tăng cường |
| autobahn | Autobahn/xa lộ |
| auto-leveling control | điều khiển tự động cân bằng |
| Automatic | Tự động |
| automatic transmission | hộp số tự động |
| Automobile | Ô tô |
| auto-mode shift control | điều khiển dịch chuyển chế độ tự động |
| automotive catalytic convertor | bộ chuyển đổi xúc tác ô tô |
| automotive maintenance supplier | Nhà thầu bảo dưỡng ô tô |
| Auxiliary Air Control Valve | Van điều khiển nhàn rỗi |
| average | Trung bình cộng |
| avoid | tránh / Để tránh |
| Awesome | Tuyệt vời/ gây sửng sốt |
| axleshaft | Trục |
| back face | mặt sau |
| background | lý lịch/ bối cảnh/ phông nền |
| backlash | Phản ứng dữ dội/ khe hở/ khoảng trống |
| Bad at | Không giỏi về |
| balance | thăng bằng |
| Balance weight | đối trọng / cân bằng trọng lượng |
| ball bearing | vòng bi |
| ball joint | khớp nối bóng |

| | |
|---|---|
| Ball joint unit | khớp cầu |
| ball spline | đường dẫn trượt bi |
| bang | vỡ mạnh/ đánh mạnh |
| Based on | Dựa trên/ dựa vào |
| battery | Pin / ắc quy |
| battery ECU | Pin ECU |
| Be alert | tính cầu thả |
| Be aware | Công nhận |
| be confused | Bị nhầm lẫn |
| Be delayed | Bị trì hoãn/ ứ |
| bearing | Vòng bi |
| bearing | Vòng bi / Ổ đỡ trục |
| beautiful | Đẹp |
| Become cloudy | đục |
| Beginner | mức độ cơ bản |
| Beginner | Người bắt đầu |
| Beginning | Sơ cấp |
| beginning | bắt đầu |
| Belong to | Thuộc về/ thuộc vào loại |
| Belongs | Thuộc về |
| bench drilling machine | băng ghế dự bị máy khoan/ máy khoan để bàn |
| bench test | thí nghiệm trên bệ |
| Bench test | sự thử trên máy |
| bend | bẻ cong/ uốn cong |
| beside | bên cạnh |
| bevel angle | Góc bevel |
| Beware | Coi chừng/ dụng tâm |
| bias | xu hướng |
| Biaxial suspension | huyền phù biaxial |

| | |
|---|---|
| bi-fuel vehicle | xe nhiên liệu/ xr bi-fuel |
| Big and small | Lớn và nhỏ |
| Big deal | Thỏa thuận lớn |
| big end | kết thúc lớn |
| Binary number | Số nhị phân |
| biofuel | Nhiên liệu sinh học |
| bio-plastic | Nhựa sinh học |
| Bipolar | Lưỡng cực |
| Birfield type joint | khớp loại Bìield |
| black smoke | Khói đen |
| blade | lưỡi/ lưỡi dao |
| Blend in | Trộn trong |
| blind spot | điểm mù |
| Blocked | Bị chặn/ bị kẹt |
| blocked | Nó đã bị chặn |
| blow off | Thổi ra/ trồi bay đi |
| Blow-by gas | Khí sinh ra từ buồng quay của động cơ |
| Boarding | Nội trú |
| body | Cơ thể / Thân hình |
| body-centered cubic lattice | cơ thể trung tâm mạng tinh thể |
| Boidiesel | Dầu diesel sinh học |
| bolt | tiếng sét / ốc vít |
| Bonnet | nắp ca pô/ Mui xe |
| Books | Sách |
| Boron | Bo |
| boss | Ông chủ |
| both sides | hai bên/ cả hai mặt |
| Bother | Làm phiền |
| Bottom | Dưới cùng/ cạnh đáy |

| | |
|---|---|
| brackets | dấu ngoặc |
| brake | phanh |
| Brake booster | bộ trợ lực phanh |
| Brake caliper | bộ kẹp phanh |
| Brake fluid | Dầu phanh |
| Brake master cylinder | xi lanh phanh chính |
| brake system | thiết bị phanh |
| brake-servo system | thiết bị phanh servo |
| braking ability | khả năng phanh |
| braking distance | khoảng cách phanh |
| braking force | Lực phanh |
| braking horsepower | Mã lực phanh |
| braking performance test | kiểm tra hiệu suất phanh |
| braking torque | mô-men xoắn phanh |
| Brand new | hàng mới |
| brass | Đồng thau |
| break actuator | bộ truyền động phanh |
| break assist system | hệ thống hỗ trợ phanh |
| break down | phá vỡ/ đánh vỡ/ phá bỏ |
| break open / pry open | Phá vỡ mở / Cạy mở |
| breakthrough | Đột phá |
| brim | vành |
| Bring | Mang đến |
| Bring closer | mang lại gần/ đem tới gần hơn |
| Brittle | Giòn/ dễ gãy |
| broken / collapsed | Bị hỏng / Sụp đổ |
| bronze | đồng |
| Brush | Bàn chải |
| bulk | cồng kềnh |

| | |
|---|---|
| bullets | khoản mục |
| Bullshit | Nhảm nhí |
| bump into | đâm vào |
| Bumpy | Mấp mô/ gập ghềnh |
| Bundling | Bó lại |
| burden | gánh nặng |
| burn | bị cháy/ cháy |
| business | kinh doanh |
| Busy | Bận |
| But | Nhưng |
| Butt welding | Hàn giáp mối |
| By any chance | Bởi bất kỳ cơ hội |
| By chance | Tình cờ |
| by compressed air | Bằng không khí nén |
| calipers | Calipers/ thước kẹp |
| Calorie | nhiệt lượng |
| camshaft | Trục cam |
| Can be detached | Có thể tách ra |
| Cancel | Huỷ bỏ/ phủ nhận |
| Cancellation | Huỷ bỏ |
| Candid | Thật thà |
| cannot say / indiscribable | Rất/ không…một chút nào |
| cap | nắp |
| capacitance | Điện dung/ dung lượng tĩnh điện |
| capacitor | Tụ điện |
| capacity | sức chứa/ dung lượng |
| car sharing | Chia sẻ xe |
| car wash | rửa xe |
| carbon | carbon |

| | |
|---|---|
| carbon brush | Bàn chải sợi carbon |
| Carbon dioxide | khí $CO_2$ |
| Carbon Dioxide | cạc-bon đi-ô-xít |
| carbon fiber | Sợi carbon |
| Carbon Monoxide | Khí carbon monoxide |
| Carbon steel | Thép carbon |
| carbonic acid gas | Carbon dioxide / khí axid cacbonic |
| Carbonized | được cacbon hóa |
| carburetor | Bộ chế hòa khí |
| Carcinogenicity | Chất gây ung thư |
| cardinal numbers | Số thứ tự |
| Care | Quan tâm/ chăm sóc |
| Careful | Cẩn thận |
| careless | cẩu thả/ lỏng chỏng |
| Carry | Mang/ gánh vác |
| carry out | thực hiện/ thực thi |
| carve | Khắc chạm |
| case / occasion | Nếu/ trường hợp |
| cast iron | gang thép |
| cast steel | thép đúc |
| Casting | Đúc |
| catalog | mục lục |
| category | thể loại |
| cause | gây ra |
| cause | nguyên nhân |
| caution plate | Thẻ đồng |
| cell | tế bào |
| Celsius temperature | Nhiệt độ Celsius |
| cement steel | Carburizing thép |

| | |
|---|---|
| center | trung tâm |
| center bearing | trung tâm mang |
| center brake | phanh trung tâm |
| center differential lock mechanism | cơ chế khóa vi sai trung tâm |
| center electrode | điện cực trung tâm |
| center gauge | trung tâm đo |
| center line | đường trung tâm |
| center pivot type | loại trục trung tâm |
| center punch | cú đấm chính diện |
| center tie rod | tie rod trung tâm |
| Centimeter | Centimet |
| Central | trung khu |
| central axis | trục trung tâm |
| central fuel injection | phun nhiên liệu trung tâm |
| Central Processing Unit | Bộ phận xử lý trung tâm |
| centrifugal automatic clutch | ly hợp ly tâm tự động |
| centrifugal casting | đúc ly tâm |
| centrifugal clutch | ly hợp ly tâm |
| centrifugal force | lực ly tâm |
| centrifugal governor | thống đốc ly tâm |
| centrifugal pump | bơm động cơ |
| centrifugal supercharger | Bộ siêu tăng áp ly tâm |
| ceramic | gốm sứ/ gốm |
| ceramic glow plug | cắm phát sáng gốm |
| ceramic turbocharger | Turbo tăng áp gốm |
| Certificate | Chứng chỉ |
| Certification | Xác thực/ sự chứng nhận |
| Certification standard | Tiêu chuẩn chứng nhận |
| Certified factory | Nhà máy được chứng nhận |

| Cetane | Cetan |
|---|---|
| cetane number | số Cetane |
| chain | chuỗi |
| chain block | chuỗi khối / hệ ròng rọc |
| chain drive | truyền động xích |
| chain hoist | Palăng xích |
| chain hoist machine | máy palăng xích |
| chain pipe wrench | cái mở ống bằng xích / chìa vặn ống xích |
| chain sprocket | xích chuỗi / bánh xích |
| chain tensioner | chuỗi căng thẳng / thiết bị keo căng xích |
| chamber | buồng |
| change | thay đổi |
| change lever | thay đổi đòn bẩy |
| channel | kênh |
| channel section | phần kênh |
| character / nature | Chất lượng |
| Characteristic | Đặc tính |
| Charcoal canister | Bộ lọc than hoạt tính |
| charge | sạc điện |
| charge light | sạc ánh sáng |
| charge valve | Điền Van |
| charge warning lamp | đèn báo hiệu nạp điện |
| Charger | Bộ sạc |
| Charger | bộ nạp |
| charging | sạc |
| charging | đang sạc |
| charging current | hiện tại đang sạc |
| charging warning light | đèn cảnh báo sạc |
| Chart | Đồ thị/ biểu đồ |

| charter | điều lệ |
|---|---|
| chassis | khung gầm |
| chattering | làm rung lạch cạch |
| check | kiểm tra |
| check valve | kiểm tra van |
| checker flag | cờ kiểm tra |
| Checking | Kiểm tra |
| child seat | ghế trẻ em |
| chill casting | sự đúc lạnh |
| chiller | máy làm lạnh |
| chilling | làm lạnh |
| chin spoiler | Spoiler trên cằm |
| chisel | Đục bê tông / đục thép |
| Choice | Lựa chọn |
| choke | nghẹt thở |
| choke mechanism | cơ chế choke |
| choke valve | van gió |
| choking | bít/ sự cản |
| chopper | chopper |
| chopper motor | chopper động cơ điện |
| chromium molybdenum steel | thép crom molypden |
| Chronic illness | Bệnh mãn tính |
| chuck | mâm cặp |
| chuck handle | chuck xử lý |
| Circulation | Vòng tuần hoàn |
| clap / Slap | Vỗ tay / Tát |
| class | lớp học |
| classify | Để phân loại |

| | |
|---|---|
| clean | Sạch sẽ / dọn dẹp |
| clean energy vehicle | Năng lượng sạch xe |
| cleaning | làm sạch |
| cleaning action | hành động làm sạch |
| cleanliness | sạch sẽ |
| clear | rõ ràng |
| Clear | rõ ràng và chính xác |
| Clear space | không gian tự do |
| clear up | Dọn sạch |
| clearance / gap | Giải phóng mặt bằng / Lỗ hổng |
| clearance lamp | Đèn định vị |
| clockwise | chiều kim đồng hồ / theo chiều kim đồng hồ |
| Clogged | Bị tắc |
| close | đóng |
| Close up | Đóng lên |
| clutch disk | đĩa ly hợp |
| CNG injector | phun CNG |
| CNG regulator | bộ điều chỉnh CNG |
| CNG vehicle | ô tô CNG |
| coal | than đá |
| code | mã |
| coefficient | hệ số |
| coil spring | lò xo cuộn |
| Coil spring | Lò xo xoắn ốc |
| cold | Trời lạnh / Lạnh |
| Collation | xác minh/ so sánh |
| collision | va chạm |
| colored glass | kính màu |
| Coloring | Tô màu |

| | |
|---|---|
| combination spanner | Cờ lê kết hợp |
| combustion | sự đốt cháy |
| come true | trở thành sự thật |
| Command | Chỉ huy/ chỉ thị |
| Commercial | Thương mại |
| Common Rail's Injector | kim phun nhiên liệu cho đường sắt chung |
| common sense | ý thức chung |
| common-rail | đường ray chung |
| common-rail pressure control | bộ điều khiển áp suất đường ray chung |
| common-rail type high pressure fuel injection system | Hệ thống phun nhiên liệu áp lực cao loại đường ray chung |
| Communicate | dẫn đến/ hiểu rõ |
| communication | giao tiếp |
| commutator | cổ góp |
| compare | đối chiếu |
| Comparison | So sánh |
| Compatibility | Khả năng tương thích |
| complete | Hoàn thành |
| completely | hoàn toàn |
| Completion | Hoàn thành |
| complexity | phức tạp |
| component | thành phần |
| composite | hỗn hợp |
| compound motor | mô tơ đấu hỗn hợp |
| Comprehensive | Toàn diện |
| Compress | Nén/ chườm ướt |
| compressed air | Không khí nén |
| Compressed Natural Gas | xe khí nén tự nhiên |
| compression | Nén |
| compressor | Máy nén khí |

| | |
|---|---|
| compromise | thỏa hiệp |
| conbination wrench | Cờ lê kết hợp/ chìa vặn hai đầu |
| Concentration | tập trung |
| concentration | nồng độ |
| Concentric | kiểu đồng tâm |
| concentric | Đồng tâm |
| conclusion | Phần kết luận |
| Condition | Tình trạng |
| conditions | điều kiện |
| conductor | vật dẫn điện |
| Configuration | Cấu hình |
| confirm | xác định / xác nhận |
| confusing | gây nhầm lẫn |
| connect | Để kết nối / kết nối |
| connection | kết nối |
| conrod | Kết nối rod |
| Considerable | Đáng kể |
| Consideration | Sự xem xét/ sự quan tâm |
| consistency | độ chặt/ độ đặc |
| constant | số không đổi |
| Constant current charging method | phương pháp sạc dòng điện liên tục |
| constant pressure combustion period | -thời kỳ đốt áp suất không đổi |
| Constant velocity | Vận tốc không đổi |
| Constant velocity joint | Khớp vận tốc không đổi/ khớp nối đồng tốc |
| Constant volume cycle engine | Động cơ chu kỳ khối lượng không đổi |
| constantly | liên tục |
| construction | xây dựng |
| consumption | tiêu dùng |
| contact | tiếp xúc |

| | |
|---|---|
| contact braker | bộ ngắt điện(động cơ) |
| contact resistance | Tiếp xúc kháng chiến |
| contact type sensor | cảm biến loại tiếp xúc |
| Contemplation | suy nghĩ cân nhắc kỹ |
| Content | Nội dung |
| Continuous | Tiếp diễn/ liên tiếp |
| Continuous transmission | bộ truyền biến đổi liên tục |
| Contradiction | Mâu thuẫn |
| Contrast | Tương phản/ sự so sánh |
| Convenience | Tiện |
| convenient | Thuận tiện / Tiện lợi |
| convenient to carry | Thuận tiện để mang theo |
| Conventional | Thông thường |
| Conversion | Chuyển đổi |
| converter | Chuyển đổi (hệ thống lái) |
| convex | lồi |
| Convincing | tin chắc |
| cool | làm lạnh |
| Cooling water | Nước làm mát |
| Cooper | Đồng |
| Coping | Đương đầu/ sự đối xử |
| Copper alloy | Hợp kim đồng |
| core | cốt lõi |
| Coriori force | Lực Coriolis |
| corner | góc |
| correct | Đúng / chính xác |
| correction | điều chỉnh/ đính chính |
| Correspondence | Thư từ |
| correspondence signal | Tín hiệu truyền thông |

| corrosion | Ăn mòn |
|---|---|
| corrosion resistance | khả năng chống ăn mòn |
| cotter pin | Pins |
| count | đếm |
| counterclockwise | Ngược chiều kim đồng hồ |
| Counterweight | Trọng lượng để giữ thăng bằng |
| Countless | Vô số |
| coupler | bộ ghép |
| couplling fan | quạt khớp nối |
| course | Khóa học |
| course | lộ trình |
| cover | Che/ đậy |
| crack | vết nứt |
| Cracking point | Điểm nứt |
| Craftsman | Thợ thủ công |
| crank angle sensor | Quây cảm biến góc |
| crank pulley | crank ròng rọc |
| crash detection sensor | Bộ cảm biến phát hiện va chạm |
| cross groove type CV joint | chéo rãnh loại CV doanh |
| cross member | thành viên chéo |
| Cruising noise | Tiếng ồn chạy ổn định |
| Cultivate | đào tạo/ nuôi dạy |
| cure | chữa khỏi |
| Current control type | loại điều khiển dòng điện |
| curtain type airbag | rèm kiểu túi khí |
| Custom | Tập quán |
| custom car | xe đặc chế |
| Customer Satisfaction | Sự hài lòng của khách hàng |
| cut off | cắt |

| | |
|---|---|
| cut out | cắt ra |
| Cutting | Cắt |
| CVT fluid | chất lỏng CVT |
| cylinder | xi lanh |
| Cylinder | Hình trụ |
| cylinder bore | xi lanh khoan |
| cylinder head | đầu xi-lanh |
| cylinder hole | Lỗ xi lanh |
| cylinderhead block | khối xi lanh |
| D Jetronic | D Jetronic |
| D range | Phạm vi D |
| D13 mode | D13 chế độ |
| damage | hư hại |
| damage | Thiệt hại |
| damage insurance | bảo hiểm thiệt hại |
| damaged | Sâu / Hư hỏng |
| damond dresser | dao tiện kim cương |
| damper | Van điều tiết |
| damper spring | lò xo giảm chấn |
| damping resistance | sức chống rung |
| dare to | Dám |
| dash board | bảng gạch ngang/bảng điều khiển |
| dash panel | bảng dấu gạch ngang |
| Dash-dotted line | Đường chấm chấm |
| Data book | Sổ dữ liệu |
| Day characteristics | Đặc điểm ngày |
| DC brushless motor | Động cơ không chổi than DC |
| DC generator | Máy phát điện DC |
| Dead center | Trung tâm chết |

| | |
|---|---|
| Dead stock | Cổ phiếu chết/ hàng ế |
| Deadline | Hạn chót/ ngừng |
| Dealer | Cửa hàng lớn bán lẻ |
| Dealer | Người buôn bán |
| Debris | Mảnh vỡ |
| Decibel | Decibel |
| decide | quyết định |
| decimal point | Dấu thập phân |
| deck | boong/ bông tàu |
| Declaration form | Tờ khai |
| Decline | sự giảm/ sự kém đi |
| declined | Bị hạ xuống |
| Decompression | Giảm bớt sức ép |
| decrease | scribble stick |
| decrease | giảm bớt |
| deep | sâu/ khó lường/ trầm |
| defect | khiếm khuyết/ nhược điểm |
| defective | Khiếm khuyết |
| Defense | Phòng thủ |
| Definitely | Chắc chắn |
| Definition | Định nghĩa |
| Deflator | bộ làm xì hơi |
| Defroster | Rã đông |
| degree | trình độ |
| Dehumidification | Hút ẩm |
| delay | sự chậm trễ |
| Delay switch | Công tắc hẹn giờ |
| Delay valve | van làm trễ |
| delicate | mong manh |

| | |
|---|---|
| Delivery car | xe để giao hàng |
| delivery pressure | áp lực giao hàng |
| Delivery stroke | Giao hàng đột quỵ |
| Delivery valve | van phân phối/ van cung cấp |
| Delivery van | Xe tải giao hàng |
| Delivery wagon | Toa xe giao hàng |
| Delta connection | Kết nối Delta/ nối dây tam giác |
| Delta link | liên kết delta |
| deluxe | sang trọng/cao cấp |
| demagnetization | Khử từ |
| demand | nhu cầu |
| density | tỉ trọng/ tính dày đặc |
| Dent | vết lõm |
| department | Phòng ban |
| deposit | tiền gửi |
| depth | chiều sâu |
| Depth gauge | máy đo độ sâu |
| design | thiết kế |
| design drawing | Bản vẽ thiết kế |
| designated | chuyên dùng/ độc quyền sử dụng |
| Designation | Chỉ định |
| desirable | mong muốn |
| Desperation | Tuyệt vọng |
| Detachable | Có thể tháo rời |
| detergent | chất tẩy rửa |
| deteriorated | xấu đi/ hư hỏng |
| Deterioration | hư hỏng/ xấu đi |
| Detonation | Đốt cháy bất thường/ tiếng nổ |
| development | phát triển |

| | |
|---|---|
| Development view | Cắt thành 3D và mở rộng mỗi bên để tạo chế độ xem phẳng |
| device | thiết bị điện tử |
| Dfiffrencial | Vi sai bánh |
| diagnosis | chẩn đoán |
| diagnosis connector | kết nối chẩn đoán |
| diagnosis control | kiểm soát chẩn đoán |
| diagonal | đường chéo |
| diagonal brush | bàn chải chéo |
| diagonal member | diagonal member |
| diagram | biểu đồ |
| Dial | Quay số |
| dial gauge | thước đo quay số / quay số đo |
| dial indicator | chỉ số quay số |
| diameter | đường kính |
| diamond tool | công cụ kim cương / dao tiện kim cương |
| diaphragm | màng chắn |
| diaphragm pump | bơm màng |
| diaphragm spring | lò xo màng |
| die cast | được đúc khuôn |
| die cast alloy | hợp kim đúc |
| dieforcing | Khuôn rèn |
| dies | khuôn mẫu |
| Diesel cycle | Chu trình diesel |
| Diesel emitted particulate | thải hạt động cơ diesel |
| Diesel engine | Động cơ diesel |
| Diesel knock | Động cơ diesel gõ/sự róc máy(kích nổ) |
| Diesel Particulate Filter | bộ lọc hạt động cơ diesel |
| Diesel smoke | khói động cơ diesel |
| Diff. = Differential gear | bánh răng vi sai |

| | |
|---|---|
| Difference | Sự khác biệt/ sự khác nhau |
| Differential case | hộp vi sai |
| Differential gear | Bánh răng vi sai |
| Differential housing | vỏ bao bi sai |
| Differential pinion | Bánh răng cưa nhỏ vi sai |
| Diff-gear | bánh răng vi sai |
| Diffuser | Máy khuếch tán |
| Digital | Kỹ thuật số/ thuộc về ngón tay |
| Digital circuit tester | thiết bị kiểm tra mạch số |
| Digital control | Điều khiển kỹ thuật số |
| Digital meter | Đồng hồ số |
| Digital signal | Tín hiệu kĩ thuật số/ tín hiệu dạng số tư |
| Digital tachometer | Máy đo tốc độ kỹ thuật số |
| dilution | pha loãng |
| Dimension | Kích thước |
| diode | đi-ốt |
| direct acting cam | cam diễn xuất trực tiếp |
| direct burning period | thời gian đốt trực tiếp |
| direct current | dòng điện một chiều |
| direct drive | điều khiển trực tiếp/ truyền động trực tiếp |
| direct drive transmission | truyền động trực tiếp |
| Direct ignition | đánh lửa trực tiếp |
| direct injection | phun trực tiếp |
| Direct injection gasoline engine | Động cơ xăng loại trong xi-lanh tiêm |
| direct injection method | phương pháp phun trực tiếp |
| direct injection type | loại phun trực tiếp |
| direct method | phương pháp trực tiếp |
| direct winding motor | động cơ quanh co trực tiếp |
| direction | phương hướng |

| | |
|---|---|
| Direction indicator | Một thiết bị cho biết hướng xe đang chạy |
| Directly | Trực tiếp |
| dirty | Bẩn |
| dirty | bị bẩn |
| dirty with oil | Bẩn dầu |
| disadvantage | Bất lợi |
| Disagreement | sự bất đồng |
| Disassemble | Tháo rời / Để phân hủy |
| disaster | thảm họa |
| Disc brake | Phanh đĩa |
| Disc brake caliper | compa đo phanh đĩa |
| disc clutch | đĩa ly hợp |
| Disc pad | đệm đĩa |
| Disc rotor | Đĩa cánh quạt/ rôto đĩa |
| Disc spring | lò xo đĩa |
| Disc wheel | bánh răng hình đĩa/ đĩa mài |
| Discard | Bỏ/ vứt bỏ |
| Discharge | Phóng điện/ dòng chảy |
| Discharge rate | Tốc độ thoát điện |
| Discharge rate | Tỷ lệ xả pin |
| Discharge valve | Van xả/ van ra |
| Discipline | Kỹ luật |
| Disconnect | Ngắt kết nối |
| Disinfection | Khử trùng |
| disk | đĩa |
| Disk sander | chà nhám đĩa |
| Display | Trưng bày/ màn hình |
| disposal | thải bỏ |
| distillation | chưng cất |

| | |
|---|---|
| distilled water | Nước cất |
| Distort | Xuyên tạc |
| distorted | Bị biến dạng |
| Distract | trốn/ mất tập trung |
| Distributor | Dải phân cách |
| Distributor | bộ phân phối |
| Distributor type injectin pump | máy bơm phun loại phân phối |
| Distributor type pump | Nhà phân phối loại bơm |
| division | sự phân chia |
| do that for me | làm điều đó cho tôi |
| Document | Tài liệu |
| Dog clutch | Khớp ly hợp vấu |
| dolly | bệ quay/ khung quay |
| Don't feel bad | Đừng cảm thấy tồi tệ |
| Door | Cửa |
| Door armrest | Tay vịn cửa |
| Door beam | Dầm cửa/ thanh cản phía cửa |
| Door catch | chốt cài cửa |
| Door glass | kính cửa |
| door knob | tay nắm cửa |
| door mirror | gương cửa |
| Door sill | Ngưỡng cửa |
| Door striker | tiền đạo khóa cửa |
| Door switch | Công tắc cửa |
| Door trim | Cửa trang trí/ Tấm ốp cửa |
| Door trim board | tấm bọc cửa (bên trong) |
| dotted line | đường chấm chấm |
| Double | Gấp đôi |
| double cardon type CV joint | khớp nối đồng tốc loại đôi cardan |

| | |
|---|---|
| double ferament bulb | Đôi dây tóc bóng đèn / bóng đèn 2 tim |
| double Ignition | đánh lửa đôi |
| double offset type CV joint | khớp nối đồng tốc loại bù đôi |
| double overhead camshaft | hai trục cam trên nắp máy |
| double roller chain | xích con lăn kép |
| Double stage explosion | sự nổ hai giai đoạn |
| double tire | lốp đôi |
| double wishbone | hệ thống treo tay đòn kép |
| down force | lực hướng xuống |
| drafting | soạn thảo |
| Drag | Kéo/ kéo lê |
| Drag race | Cuộc đua kéo/ cuộc đua xe hơi |
| drain | cống/ mương |
| Drainage | Thoát nước |
| Dresser | Tủ quần áo/ máy mài sắc/ dụng cụ sửa |
| Drill | Máy khoan |
| drill tip | Mũi khoan |
| drilling | Khoan |
| Drivability | Khả năng lái xe |
| drive | lái xe |
| drive / operation | Lái xe / hoạt động |
| Drive division mechanism | Cơ chế phân chia quyền lực |
| Drive recorder | đầu ghi ổ đĩa |
| Drive shaft | trục dẫn động |
| Drive train parts | bộ phần hệ thống truyền động |
| driven | Bánh răng không phải là bên truyền c ông suất động cơ |
| driver | tài xế |
| driving mode | chế độ lái |

| | |
|---|---|
| driving performance diagram | biểu đồ hiệu suất lái xe |
| driving wheel | bánh xe phát động |
| drop the corner | Thả góc |
| dry | khô |
| Dry battery | bộ pin khô |
| Dry cell | Tế bào khô/ pin khô |
| Dry clutch | Ly hợp khô |
| dry clutchdry | Ly hợp khô |
| Dry cylinder liner | ống lót xi lanh khô |
| Dry disc clutch | Ly hợp đĩa khô |
| dry ice | đá khô/ cacbon đioxyt đậm đặc |
| Dry sump lubrication | Bôi trơn khô |
| Dry type | Loại khô |
| dry weightdry | Trọng lượng khô |
| dual | hai |
| Dual brake valve | van hãm kép |
| dual fuel vehicle | xe nhiên liệu kép |
| Dual ignition | sự đánh lửa đôi |
| dual inflator | bơm hơi kép |
| dual master cylinder | xi lanh chủ kép |
| Dual positioning valve | Van điều khiển áp suất dầu phanh cho phanh hai hệ thống |
| Dual valve | Van kép |
| duct | ống dẫn |
| dummy | giả |
| dump truck | xe tải tự đổ / xe lật |
| dumping Force | lực lượng dumping |

| | |
|---|---|
| dumping oil | dầu dumping |
| Dunlop | Dunlop |
| Duo servo brake | bộ hãm phụ kép |
| Duplication | gấp đôi/ sự nhân bản |
| dust | Bụi / Bụi bặm |
| dust boot | khởi động bụi |
| dust pollution | ô nhiễm bụi |
| dust removal | Phủi bụi |
| Duties | Nhiệm vụ |
| Duty control | Điều chỉnh tốc độ tắt / mở tín hiệu theo từng chu kỳ |
| Duty ratio | Tỉ lệ làm nhiệm vụ/ chu trình hoạt động |
| Duty solenoid valve | Van điện từ di chuyển ở mỗi chu kỳ tùy thuộc vào tốc độ bật / tắt tín hiệu |
| Dwell angle | Góc dwell |
| dynamic damper | van điều tiết động |
| dynamic test | thử nghiệm năng động |
| dynamic wheel demonstrator | Cân bằng động bánh xe |
| dynamo | Máy phát điện |
| dynamometer | Lực kế |
| Dynamometer | Động lực kế |
| dyne | dyne |
| Each | Mỗi |
| Earnestly | Tha thiết |
| earth cable | dây mát |
| earth cord | dây đất |
| Easy | Dễ dàng |
| easy to break / fragile | Dễ dàng để phá vỡ / Mong manh |
| easy to lose | Dễ bị mất |

| | |
|---|---|
| eccentric | lập dị/ lệch tâm |
| effect | hiệu ứng/ hiệu quả |
| Effect | Hiệu ứng/ ý đồ |
| Effectiveness | có hiệu quả |
| Elaborate | Kỹ lưỡng |
| elastic deformation | biến dạng đàn hồi |
| elastic hysteresis | độ trễ đàn hồi |
| elastic limit | giới hạn đàn hồi |
| elastic vibration | độ rung đàn hồi |
| elasticity | độ đàn hồi |
| Electric air bag | Túi khí điện |
| electric charging | điện khí hóa |
| electric circuit | mạch điện |
| Electric current | Dòng điện |
| electric drill | Khoan điện / máy khoan điện |
| Electric Drive Type Power Steering | Lái trợ lực điện |
| Electric dynamometer | Máy đo điện / lực kế điện |
| Electric energy | Năng lượng điện |
| Electric fan | Quạt điện |
| Electric fuel pump | Bơm nhiên liệu điện |
| Electric heat | Nhiệt điện |
| Electric items | Điện outfitting mục liên quan |
| Electric motor | Động cơ điện |
| Electric plating | Mạ điện |
| Electric pole | Điện cực |
| Electric remote control mirror | Gương điều khiển điện |

| | |
|---|---|
| Electric resistance | Điện trở |
| Electric speedometer | Đồng hồ tốc độ điện |
| Electric tachometer | Máy đo tốc độ điện |
| Electric Vehicle | Xe điện |
| Electric welding | Hàn điện |
| Electrical conductivity | độ dẫn điện / Tinh dẫn điện |
| Electrical wire | Dây điện |
| Electricity | Điện lực |
| Electro magnet | Nam châm điện |
| Electro painting | lớp phủ điện |
| Electrolyte | Chất điện phân |
| Electrolytic capacitor | tụ điện hóa |
| Electromagnetic force | Lực điện từ |
| Electromagnetic induction | Cảm ứng điện từ |
| Electromagnetic powder method | pương pháp phát hiện lỗ hổng điện từ |
| Electromagnetic type | Loại điện từ |
| Electronic | Điện tử |
| Electronic control type AT | AT loại điều khiển bằng điện |
| electronic driving unit | đơn vị lái xe điện tử |
| Electronic Throttle Control System | hệ thống điều khiển bướm ga loại điều khiển điện tử |
| Electronically controlled fuel injection pump | Bơm phun nhiên liệu loại điều khiển điện tử |
| Electronically controlled ignition timing control | Kiểm soát thời gian đánh lửa loại điều khiển điện tử |
| electrostatic induction | Cảm ứng tĩnh điện |
| electrostatic painting | Sơn tĩnh điện |
| element | thành phần/ nhân tố |
| ellipse | hình elip/ hình bầu dục |
| elliptical piston | pittông hình elip |

| | |
|---|---|
| Emphasis | Nhấn mạnh/ điểm quan trọng |
| Employment | Việc làm |
| Emulate | Mô phỏng |
| Emulsification | Nhũ tương/ nhũ hóa |
| End | Kết thúc |
| End of Life Vehicle | xe ô tô đã sử dụng |
| End up | Kết thúc/ hoàn thành |
| end user | người dùng cuối |
| Endure | Chịu đựng |
| Engage | Thuê/ làm/ tiến hành |
| engine | động cơ |
| engine computer | máy tính động cơ |
| engine hood | nắp động cơ |
| engine mount | Gắn động cơ |
| engine oil | Dầu động cơ |
| engine type | Loại động cơ |
| enlarge | Phóng to |
| enlarge the hole | Mở rộng lỗ |
| Enormous | To lớn |
| Enough | Vừa đủ) |
| Environmental Protection Agency | Cơ quan bảo vệ môi trường Hoa Kỳ |
| epoxy resin | Nhựa epoxy |
| EPS Speed Sensor | Cảm biến tốc độ EPS |
| EPS Torque Sensor | Cảm biến mô men EPS |
| equal | công bằng |
| equation | phương trình |
| Equip | Trang bị |

| | |
|---|---|
| Equipment | Trang thiết bị |
| Equivalent | Tương đương |
| Erase | Xóa |
| Especially | Đặc biệt |
| Essence | Bản chất/ thực chất |
| Essential | Thiết yếu |
| Establishment | Thành lập |
| Estimation | Ước lượng/ suy đoán |
| eternal deletion | xóa vĩnh viễn |
| Ethylene glycol | Etylen glycol |
| Evacuation | Sơ tán |
| Evaluation | Đánh giá |
| evaporation | bay hơi/ bốc hơi |
| evaporator | máy sấy khô |
| Even a little | Ngay cả một chút |
| Even more | Thậm chí nhiều hơn/ hơn nữa |
| even numbers | số chẵn |
| Eventually | Cuối cùng |
| Everyone | Tất cả mọi người |
| evidence | chứng cớ |
| evolution | sự phát triển |
| Exactly | giống hệt như··· |
| exactly | chính xác |
| Examination | Kiểm tra/ đi thi |
| Example | Thí dụ/ mẫu mực |
| excellent | Tuyệt vời |

| | |
|---|---|
| excellent | rất tốt |
| except | ngoại trừ/ loại trừ |
| excess | thừa |
| Excess | Dư thừa/ vượt quá |
| excessive | quá mức/ quá nhiều |
| exchange | trao đổi/ đổi |
| Exclusion | Loại trừ/ ngoại trừ |
| Exclusively | Duy nhất/ hầu hết |
| Execute | Hành hình |
| Exhaust gas | Khí thải |
| Exhaust Gas Recirculation | hệ thống tuần hoàn khí thải |
| exhaust manifold | máy hút khí |
| exhaust pipe | Ống xả |
| Exhaust valve | Van xả |
| Exhausted | Kiệt sức |
| expansion | Mở rộng |
| expansion | sự bành trướng |
| Experiment | Thí nghiệm |
| Explanation | Giải trình/ giải thích |
| explosion | nổ |
| Explosion pressure sensor | Cảm biến áp suất nổ |
| Explosion temperature sensor | cảm biến nhiệt độ nổ |
| extend | mở rộng/ kéo dài ra |
| extend | mở rộng/ kéo dài |
| extension | Tiện ích mở rộng / Sự mở rộng |
| extension cord | Dây nối/ dây kéo dài |
| external | bên ngoài |

| | |
|---|---|
| external tooth gear | bánh răng bên ngoài |
| Extra | Thêm/ thừa thãi |
| extra | phần thừa/ phần thêm |
| Facility | thiết bị |
| Factor | nguyên nhân tố |
| fade resistance | Mờ dần sức đề kháng |
| Failure | Sự thất bại |
| faint | Mờ nhạt |
| Fan shroud | vỏ che quạt |
| fatigue | Mệt mỏi |
| Fatigue limit | Giới hạn mỏi |
| fatigue resistance | độ bền mỏi |
| Fatigue test | Kiểm tra độ mỏi |
| faucet | vòi nước |
| Features | Đặc trưng/ đặc điểm |
| Feed pump | máy bơm cung cấp |
| Feel | Cảm thấy/ xúc giác |
| female thread | ren vít trong |
| Fender | Chắn bùn |
| Ferrite magnet | Nam châm Ferrite |
| Fever | phát nhiệt |
| fiber | chất xơ |
| Fiber Reinforced Plastics | Nhựa cốt sợi |
| Fibergalss Reinforced Plastic | Nhựa gia cố sợi |
| Field coil | cuộn dây tạo trường/ cuộn kích từ |
| Field of view | Góc nhìn/ tầm nhìn |
| Figure | Nhân vật/ hình dáng |

| | |
|---|---|
| file | Tập tin/ cái giữa |
| filling | đổ đầy |
| filling efficiency | hiệu suất lắp đày |
| film | màng |
| Finally | Cuối cùng |
| fine-grained | có hạt mịn |
| finishing | Kết thúc / Hoàn thành |
| fire | cháy |
| fire extinguisher | bình cứu hỏa |
| Fire protection | Phòng cháy chữa cháy |
| First | Đầu tiên |
| first angle method | phương pháp góc đầu tiên |
| first axis distance | Khoảng cách giữa hai trục bánh xe đầu tiên |
| first half | nửa đầu |
| Fit there | Vừa vặn ở đó |
| five pieces of Heinrich's law | "năm miếng" của Heinrich |
| fix | cố định/ giữ nguyên |
| Flange | Mặt bích |
| Flashing | Nhấp nháy |
| Flat | Bằng phẳng |
| flat | bằng phẳng |
| flaw detection coil | cuộn dây phát hiện lỗ hổng |
| flawed | Thiếu sót |
| fleet number | số xe |
| Flexble joint | Khớp nối linh hoạt |
| flexible | mềm dẻo / Linh hoạt |
| Flexible Joint | khớp linh hoạt/ khớp nối đàn hồi |

| | |
|---|---|
| flowing | Chảy |
| flutter | Chớp cánh/ vỗ cánh |
| flux | tuôn ra/ sự trào ra |
| flywheel | bánh đà |
| focus | tiêu điểm |
| Focus | Tiêu điểm |
| Follow | Theo |
| following type | loại theo dõi |
| Fomular SAE | Công thức SAE |
| for a while | trong một thời gian |
| for a while / for the time being | Tạm thời |
| for example | ví dụ |
| For example | Ví dụ |
| for that reason | vì lý do đó |
| For the time being | như hiện tại |
| Forever | Mãi mãi |
| forging | rèn |
| Format | định dạng |
| Forward | tiến tới |
| fossil fuel | Nhiên liệu hóa thạch |
| Fraction | Phân số |
| frame | khung |
| Frame corrector | máy chỉnh sửa khung |
| Freon collection machine | máy thu gom Freon |
| frequency signal sensor | cảm biến tín hiệu tần số |
| frequent | thường xuyên/ hay xảy ra |

| | |
|---|---|
| friction | ma sát |
| friction coefficient | hệ số ma sát |
| From beginning to end | Từ lúc bắt đầu đến khi kết thúc |
| Front and back | Trước và sau |
| Front bumper | bội thu trước |
| front face | Mặt chính / trước mặt |
| Front fender | Chắn bùn trước |
| Front grass | kính chắn gió xe |
| front wheel drive | Bánh trước lái |
| front wheel nackle spindle | trục chính bánh xe trước |
| front wheels | bánh trước |
| frost | sương giá |
| Fuel Cell Vehicle | xe pin nhiên liệu |
| Fuel cll | pin nhiên liệu |
| Fuel element | Bộ lọc để loại bỏ vết bẩn nhiên liệu |
| Fuel injection pump | Máy bơm phun nhiên liệu |
| Fuel pump | bơm nhiên liệu |
| Fuel tank | bình thùng nhiên liệu |
| fulcrum | điểm tựa |
| fulfill | làm trọn/ đổ đầy/ làm đầy |
| full length | chiều dài đầy đủ |
| Full power | sung sức |
| Full tank | đổ đầy bể |
| full-wave rectification | Chỉnh lưu toàn sóng |
| Fully open | Mở hoàn toàn |
| function | chức năng |

| | |
|---|---|
| gap | sự cách nhau |
| Gap | Lỗ hổng |
| Garage | Nhà để xe |
| garbage | Rác |
| gasoline | xăng |
| gauge | máy đo/khí áp kế |
| gear | Hộp số/ bánh răng |
| gear oil | dầu bánh răng |
| gear ratio | Tỷ lệ bánh răng |
| gearbox | hộp bánh giăng |
| General | Chung/ tổng quát |
| General purpose | thông dụng/ sự được áp dụng |
| generetor | Máy phát điện |
| Genre | Thể loại |
| Gently | Dịu dàng/ nhẹ nhàng |
| genuine parts | Phụ tùng chính hãng |
| Get dirty | Làm bẩn |
| Get used to | Làm quen với |
| global warming | sự ấm lên toàn cầu |
| Go through | Đi xuyên qua/ kình qua |
| Go up | tiến bộ |
| Good at | Giỏi về |
| good corner | Góc tốt |
| good or bad | tốt hay xấu |
| goods | hàng hóa |
| governor | bộ điều tốc |

| | |
|---|---|
| grab | Lấy / vồ lấy |
| gradually | dần dần |
| grain | hạt/ hột |
| Grasp | sự nắm vững/ sự hiểu biết |
| gravel | sỏi |
| gravity | Trọng lực |
| graze | Làm |
| green house gases | khí hiệu ứng nhà kính |
| Greenhouse effect | Hiệu ứng nhà kính |
| Grooming | chải lông |
| groove | rãnh |
| Ground | Đất |
| ground electrode | điện cực đất |
| ground height | chiều cao mặt đất |
| growth | tăng trưởng |
| Guess | Phỏng đoán |
| hacksaw | cưa cắt kim loại/Cưa vàng |
| Halogen lamp | đèn halogen |
| hammer | cây búa |
| Handle | Xử lý |
| handle | xử lý/ bánh lái |
| Handy | dễ cầm |
| Hang down | Cụp/ chảy nhỏ giọt/ võng xuống |
| Hanging out | Đi chơi |
| hard | cứng |
| harden | Cứng |
| hardened | Cứng |

| | |
|---|---|
| Head light | đèn pha/ đèn trước |
| heat | nung nóng/ nỗi nóng |
| Heat pump | bơm nhiệt/ bơm hơi nóng |
| heat resistance | tính chịu nhiệt / độ bền nhiệt |
| heat resistant steel | thép chịu nhiệt / thép bền nhiệt |
| heavy metals | Kim loại nặng |
| height | chiều cao / độ cao |
| help | Cứu giúp |
| Here and there | Đây và đó |
| Hesitate | Do dự |
| high expansion ratio cycle gasoline engine | Động cơ xăng tỷ lệ mở rộng cao |
| high polymer compound | Các hợp chất phân tử cao |
| high pressure fuel pump | Máy bơm nhiên liệu áp lực cao |
| high pressure swirl injector | kim phun swirl áp lực cao |
| high quality | Chất lượng tốt |
| High rank | Thứ hạng cao |
| high tensile strength steel | thép độ bền kéo cao |
| hinge | Bản lề/ khớp nối |
| Hold | hình thành từ |
| Hold / grip | sự nắm vững/ sự cầm chặt |
| hold firmly | Giữ chặt |
| hold up | Giữ |
| Holding coil | Cuộn dây điện từ để giữ tình trạng |
| hollow shaft | trục rỗng |
| homogeneous combustion | Đốt cháy đồng nhất |
| Honesty | Trung thực |
| Honing Machine | máy mài khuôn |

| | |
|---|---|
| hook | móc câu |
| horsepower | mã lực |
| hot | Nóng |
| How | Làm sao |
| how to use | cách sử dụng |
| however | Tuy nhiên |
| Hub | moyayơ / tục bánh xe |
| huge | khổng lồ |
| Huge | mãnh liệt/ cực kỳ/ kinh khủng |
| Human resources | Nguồn nhân lực |
| Humidity | Độ ẩm |
| hurt | làm tổn thưởng |
| HV battery | Ắc quy ô tô Hybrid |
| hybrid ECU | ECU lai |
| hybrid system | hệ thống lai |
| hybrid trans axle | trans trục cho lai |
| Hybrid Vehicle | Xe lai/ xe lai ghép |
| hydraulic | Thủy lực / Áp lực nước |
| hydraulic | bằng thủy lực |
| Hydraulic power | Năng lượng thủy lực |
| hydrocarbon | hydrocacbon |
| hydrogen | hydro |
| Hydrogen sulfide | hyđro sunfua |
| Hydrogen Vehicle | xê ô tô Hydro |
| hyperbolic curve | đường cong hyperbol |
| I learn | để học |
| IC igniter | IC đánh lửa |

| | |
|---|---|
| IC voltage regulator | IC ổn áp |
| I'd love to | tôi rất thích |
| Idle pulley | puli đệm |
| Idle Speed Control | Kiểm soát tốc độ khổng tải |
| Idling Stop | Idling stop |
| If | Nếu |
| If anything | Nếu bất cứ điều gì |
| If you say so | Nếu bạn nói vậy/ về chủ đề đó |
| igniter | đánh lửa |
| ignition | đánh lửa |
| Ignition advance device | Thiết bị đánh lửa sớm |
| ignition coil | Cuộn dây đánh lửa |
| ignition delay period | thời gian trễ đánh lửa |
| Ignition method | Phương pháp đánh lửa |
| ignition point | điểm đánh lửa |
| Ignition primary signal | Tín hiệu đánh lửa chính |
| Ignition sequence | Trình tự đánh lửa |
| Ignition signal generation mechanism | Cơ chế tạo tín hiệu đánh lửa |
| Ignition signal voltage waveform | Dạng sóng điện áp tín hiệu đánh lửa |
| Ignition system | Hệ thống đánh lửa/ thiết bị đánh lửa |
| ignition temperature | nhiệt độ bắt lửa |
| Ignition timing | Thời điểm đánh lửa |
| Ignition timing control | Kiểm soát thời gian đánh lửa |
| Ignition timing control device | Thiết bị điều khiển thời gian đánh lửa |
| Ignition timing signal | Tín hiệu thời điểm đánh lửa |
| illegal | bất hợp pháp |

| | |
|---|---|
| Illuminate | Soi sáng/ chiếu sáng |
| illumination | sự chiếu sáng |
| Illustration | Hình minh họa/ ví dụ thực tế |
| Imagination | Trí tưởng tượng |
| Imitation | Sự bắt chước |
| Immediately | ngay lập |
| immediately | ngay lập tức |
| Immediately before | Ngay trước đó |
| impact | sự va chạm/ sự sốc |
| impact wrench | cờ lê tác động |
| Important | quan trọng |
| impossible | Không thể nào |
| Improved | Cải tiến |
| impulse | dung động |
| in addition | ngoài ra |
| in advance | trong tiên vôn/ trước |
| in an instant | trong chớp mắt |
| In front | Phía trước mặt |
| In general | Nói chung |
| In place | Tại chỗ |
| In sequence | Theo thứ tự |
| in series | nối tiếp |
| in short | Nói ngắn gọn |
| in that case | trong trường hợp đó |
| Inaccurate | Không chính xác |
| Incidentally | Tình cờ/ nhân tiện |
| inclination / slope | nghiêng / Dốc |

| | |
|---|---|
| incline | Nghiêng / Để nghiêng |
| include | bao gồm |
| income | thu nhập = earnings |
| incomplete | chưa hoàn thiện/ chưa đầy đủ |
| Increase | gia tăng |
| Increase | làm tăng lên |
| Increase or decrease | Tăng giảm |
| Indecision | Do dự |
| indentation / hollow | chỗ bị mẻ / Rỗng |
| Independence | Sự độc lập |
| Independent suspension | Hệ thống treo độc lập |
| indiscreetly | vô kỷ luật/ một cách thiếu suy nghĩ |
| Induction | Hướng dẫn |
| inertia rock type coupler | Bộ ghép ngắn mạch tự động |
| Inevitably | Không thể tránh khỏi/ chắc chắn |
| infinite | Vô hạn/ không bờ bến |
| Infinity | vô cực |
| inflator | Xe |
| Inflator | đại lý bơm phồng |
| information | thông tin |
| infrared | hồng ngoại |
| inhibitor switch | công tắc Inhibider |
| initial | ban đầu |
| Initiative | Sáng kiến/ chủ đạo |
| Injection pump | Máy bơm phun nhiên liệu |
| Injection timing | Thời gian phun nhiên liệu |

| | |
|---|---|
| injector | Vòi phun |
| injector driver | Trình điều khiển vòi phun |
| Injector for common-rail | bộ phun đường ray chung |
| in-line engine | động cơ có xi lanh bố trí thẳng hàng |
| Inner air sensor | Cảm biến không khí bên trong |
| inner fender | chắn bùn bên trong |
| input | đầu vào |
| Inset | dát vào |
| Inside | Phía trong/ bên trong |
| Inside air circulation type | loại lưu thông không khí bên trong |
| Insistent | Van lơn/ lằng nhằng |
| inspect | Kiểm tra |
| inspection | kiểm tra |
| Install | Tải về/ lắp đặt |
| Installation | Cài đặt/ thành lập |
| instrument panel | Bảng điều khiển |
| insufficient | không đủ |
| insulated | Cách nhiệt / Bị cô lập |
| Insulation resistance | Vật liệu chống điện |
| insulator | Chất cách điện |
| intake maniforld | Đa tạp |
| intake valve | Van hút khí |
| integer | số nguyên |
| Intend to | Có ý định |
| intensive | tập trung |
| inter cooler | bộ làm mát liên |

| | |
|---|---|
| interlayer | lớp xen kẽ |
| intermediate | Trung cấp / ở giữa |
| internal | nội bộ |
| Internal combustion engine | Động cơ đốt trong |
| Internal EGR | EGR nội bộ |
| Internal energy | Năng lượng bên trong |
| Internal friction | Ma sát bên trong |
| Internal short circuit | Đoản mạch nội bộ |
| Internal strain | Căng thẳng bên trong/ biến dạng trong |
| International Standardization Organization | Tổ chức tiêu chuẩn quốc tế |
| interring Bush | Gián đoạn bush |
| Interruption | Gián đoạn |
| Introduction | lời giới thiệu/ lời mở đầu |
| inverse | nghịch lại |
| inverter | Biến tần |
| investigate | kiểm tra / Để điều tra |
| Invoice | Hóa đơn |
| In-wheel motor | Động cơ điện trong bánh xe |
| Iron | Sắt |
| iron core | lõi sắt |
| Irregular | không thường xuyên |
| Irrelevant | Không liên quan |
| Irritating | hấp tấp, nôn nóng |
| ISO screw | vít ISO |
| Isobaric change | Thay đổi isobaric |
| Isobaric cycle | Chu kỳ isobaric |
| Isobaric cycle engine | Động cơ chu trình Isobaric |

| | |
|---|---|
| Isometric change | Các thay đổi ở một khối lượng cố định (không gian) |
| Isometric cycle | Chu kỳ của thể tích không đổi (không gian) |
| Isothermal change | Thay đổi đẳng nhiệt/ biến đổi đẳng nhiệt |
| It | Nó |
| It is done | Nó được thực hiện |
| jadder phenomenon | hiện tượng jadder |
| jagged | răng cưa |
| Japan Automotive Recyclers Association | Hiệp hội doanh nghiệp tái chế ô tô Nhật bản |
| Japanese Industrial Standards | Tiêu chuẩn công nghiệp Nhật bản |
| job instruction sheet | Hướng dẫn sử dụng chuẩn thao tác |
| Judgment | Sự phán xét/ sự phán đoán |
| Jump | Nhảy |
| Jump out | Nhảy ra ngoài |
| junction transistor | bóng bán dẫn loại giao lộ |
| keenly | Nếu bạn suy nghĩ cẩn thận/ sâu sắc |
| keep | giữ |
| kerosene | dầu hỏa |
| Kinematic viscosity coefficient | Hệ số nhớt động học |
| Knock sensor | cảm biến kích nổ |
| know | biết rôi |
| knuckle | đốt ngón tay |
| Knuckle arm | Cánh tay Knuckle |
| Knuckle spindle | trục chính Knuckle |
| Labor | Nhân công/ công sức |
| Landmark | điểm mốc |
| Lane | Làn đường |

| | |
|---|---|
| lapse of memory | mất hiệu lực của trí nhớ |
| Large amount | Số lượng lớn |
| Last time | Lần cuối / lần trước |
| lateral pressure | áp lực bên |
| law | pháp luật |
| Law Concerning Recycling Mesures of End-of-life Vehicles | luật tái chế xe ô tô |
| law of 1:29:300 | luật 1:29:300 |
| law of waste pollution treatment | luật xử lý ô nhiễm chất thải |
| layer | lớp |
| Lazy | chầm chậm |
| lead | đầu/ tiên phong |
| Lead | Chì |
| Lead acid battery | Ắc quy |
| leakage | Rò rỉ |
| learn | học hỏi |
| Leave it alone | để mặc nó/để bỏ đi như nó có |
| lend | cho vay |
| lending | cho vay |
| length | chiều dài |
| level | cấp độ |
| Lever | Đòn bẩy |
| leverage action | Hành động này |
| License plate | Biển số xe |
| lid | Nắp |
| lifespan | tuổi thọ |
| lift | Để nâng lên |

| | |
|---|---|
| light bulb | bóng đèn |
| Lighting equipment | Thiết bị chiếu sáng |
| lightly tap | đánh nhẹ |
| Limit | Giới hạn/ hạn chế |
| line | Dòng/ đường/hàng |
| line short | ngắn mạch dòng |
| linear drive actuator | Thiết bị truyền động tuyến tính |
| linear signal sensor | Cảm biến tín hiệu tuyến tính |
| Liquefied Natural Gas | khí tự nhiên hóa lỏng |
| Liquefied Natural Gas Vehicle | xe sử dụng khí tự thiên nhiên hóa lỏng |
| Liquefied Petroleum Gas | Khí hóa lỏng |
| Litium-ion battery | Pin lithium-ion |
| little by little | từng chút một |
| lively | hoạt bát/ sôi nổi |
| loadable load | tải trọng tải |
| Lock | Khóa |
| logic | Hợp lý/ lôgic |
| logic signal sensor | cảm biến tín hiệu logic |
| Long and short | Dài và ngắn |
| Long Life Coolant | Long Life Coolant(LLC) |
| long time no see | lâu rồi không gặp |
| look for | tìm kiếm |
| loose | Lỏng lẻo/ không chặt |
| Loosen | Nới lỏng/ lỏng lẻo/ giảm |
| loosen | nới lỏng |
| loss | mất mát |

| | |
|---|---|
| low age type | loại năm thấp |
| Low Emission Vehicle | xe ô nhiễm thấp |
| Low frequency sound | Tiếng ồn tần số thấp/ âm thanh tần số thấp |
| Low heat value | Giá trị nhiệt thấp |
| Low pressure | Áp suất thấp |
| Low pressure cycle | Chu kỳ áp suất thấp |
| Low speed mode | Chế độ tốc độ thấp |
| Low speed torque | Mô-men xoắn tốc độ thấp |
| LP gas | Khí LP |
| Lukewarm | âm ấm/ nguội |
| lump | cục/ miếng |
| Magnesium | Magiê |
| Magnet clutch | Bộ ly hợp loại điện từ |
| Magnet switch | bộ chuyển mạch từ |
| magnification | phóng đại |
| Main | Chủ yếu |
| Main Relay System | Thiết bị chuyển tiếp chính/ Hệ thống rơ le chính |
| maintenance | bảo trì |
| maintenance notebook | Sổ bảo trì |
| Major | Chính/ chuyên môn |
| make it flat | làm phẳng |
| make low | Để hạ thấp / làm cho thấp |
| male thread | vít |
| Malleability | Dễ uốn/ tính dễ dát mỏng |
| manifest system | Hệ thống kê khai |
| Man-made | nhân tạo |

| | |
|---|---|
| manner | cách thức/ cách làm |
| Manual | Thủ công |
| manual | sổ tay |
| Manufacturing | Chế tạo |
| Manufacturing method | Phương pháp sản xuất |
| mark | dấu |
| mass | khối lượng |
| master cylinder | xi lanh chính |
| match | Trận đấu/ thống nhất/ nhất trí |
| Match each other | Khớp nhau/ hợp nhau |
| Material | Vật chất |
| maximum power | đàu ra lớn nhất/ đàu ra tối đa |
| maximum torque | Mô-men xoắn tối đa |
| Meaningful | Có ý nghĩa |
| Meaningless | Vô nghĩa |
| means | có nghĩa/ phương pháp |
| measure | Đo lường |
| measure | Cân nhắc |
| measure / taking measurement | đo lường / lấy số đo |
| Measurement | Đo đạc |
| Measures | biện pháp/ đối sách |
| mechanic | thợ cơ khí |
| Medium rasp | Mâm xôi vừa/ cái giũa vừa |
| medium speed | tốc độ trung bình |
| Melt | Tan chảy |
| melt | chảy ra/ tan ra |

| | |
|---|---|
| Member | Thành viên |
| memory | Bộ nhớ / ký ức |
| mercury | Thủy ngân |
| mere | chỉ là |
| metal scissor | kéo cắt kim loại |
| Metaphor | Ẩn dụ |
| Methane | Mêtan |
| Methanol Vehicle | Xe hơi methanol |
| method | phương pháp |
| Method | phương pháp |
| Micrometer | Thước micrômét. |
| Micrometer for internal measurement | Micromet để đo nội bộ |
| middle | ở giữa |
| Mild steel | Thép nhẹ |
| Mileage | khoảng cách chạy |
| Miller cycle engine | Động cơ chu kỳ Miller |
| Ministry of Land, Infrastructure, Transport and Tourism | Bộ đất đai, cơ sở hạ tầng và giao thông vận tải |
| mission | nhiệm vụ/ sứ mệnh |
| mix | pha trộn |
| mobile shipe | Ròng rọc |
| moisture | ẩm thấp/ hơi ẩm |
| moisture | độ ẩm/ hơi ẩm |
| Molybdenum | Molypden |
| moment | chốc lát |
| monitor | giám sát |
| monkey wrench | Mỏ lết điều chỉnh |
| Monocoque body | Khung gầm và thân xe được tích hợp |

| | |
|---|---|
| more and more | nhiều hơn và nhiều hơn nữa |
| More than anything | Hơn bất cứ thứ gì/ trên hết |
| Moreover | hơn thế nữa |
| Most | Phần lớn |
| most | phần lớn/ vô cùng/ cực kỳ |
| Mostly | Hầu hết/ sự bao quát |
| motion | chuyển động/ động tác |
| Motivation | Động lực/ sự thúc đẩy |
| motor | động cơ |
| motor Show | triển lãm mô tô |
| Motorcycle | Xe máy/ xe mô tô |
| move | di chuyển |
| move on | tiến lên |
| Much | Nhiều/ cực độ |
| mud | Trắng |
| Muddy | Bùn/ lầy bùn |
| Mudguard | Chắn bùn/ tấm chắn bùn |
| muffled noise | tiếng ồn bị bóp nghẹt |
| muffler | Silencer / bộ giảm thanh |
| Multi car dismantling machine | Máy tháo dỡ nhiều ô tô |
| multi-cylinder | nhiều xi-lanh |
| multi-cylinder engine | động cơ nhiều xi-lanh |
| multi-hole nozzle | vòi phun nhiều lỗ |
| Multiple | Nhiều |
| multiple disc clutch | bộ ly kết nhiều đĩa |
| multiple fuel engine | Động cơ có thể sử dụng nhiều loại nhiên liệu khác nhau |

| | |
|---|---|
| multiplex communication | truyền thông đa kênh |
| multiplication | Phép nhân |
| multi-spherical type combustion chamber | buồng đốt đa hình cầu |
| multi-valve type combusion cahmber | Buồng đốt loại nhiều van |
| Must | Phải |
| Mutual | Tương hỗ/ đối ứng |
| mutual inductance | cảm ứng tương hỗ |
| mutual induction | cảm ứng tương hỗ |
| mutual induction effect | hành động cảm ứng tương hỗ |
| Name | đặt tên/ gọi tên |
| nand circuit | mạch nand |
| natural aspiration | động cơ Tự nhiên-aspirated |
| natural firing phenomenon | hiện tượng đánh lửa tự nhiên |
| Natural gas | Khí đốt tự nhiên |
| Natural gas | Khí tự nhiên |
| Natural gas vehicle | Khí đốt tự nhiên xe |
| Natural rubber | Cao su tự nhiên |
| Navigation | sự điều hướng |
| neatly | gọn gàn |
| necessarily | nhất thiết |
| necessary | cần thiết |
| needle | cây kim |
| Needle roller bearing | Kim lăn vòng bi / ổ đũa kim |
| Negative | có tính tiêu cực |
| Negative | Tiêu cực/ phủ định/ âm |
| Negative camber | Camber âm |
| Negative Caster | Caster tiêu cực |

| | |
|---|---|
| negative influence | ảnh hưởng tiêu cực |
| negative nambers | Số âm |
| Negative offset | góc bánh âm |
| negative plate | tấm âm |
| negative pole | cực âm |
| Negative pressure | Áp suất âm |
| Neglect | Bỏ mặc/ bỏ bê |
| Neon | Neon |
| Neozim magnet | Nam châm neodymi |
| Nerve | Thần kinh |
| net | mạng lưới/ ròng |
| net horsepower | net mã lực |
| neutral | Trung tính/ trung lập |
| neutral line | đường trung tính |
| neutral plane | mặt phẳng trung hòa |
| neutral poin | điểm không/ điểm trung hòa |
| Neutral position | Vị trí trung lập/ vị trí số không |
| Neutral safety switch | Công tắc an toàn trung tính |
| Neutral steer | Chỉ đạo trung lập |
| Neutral switch | Công tắc trung tính |
| Neutralization | Trung hòa |
| new car | Xe mới |
| new product | sản phẩm mới |
| Nickel | Niken |
| Nickel cadmium battery | Pin nickel-cadmium |
| Nickel chromium molybdenum steel | thép Niken Crom, molypden |
| Nickel chromium steel | thép Niken Crom |

| | |
|---|---|
| Nicrome wire | dây crom niken |
| Nihon Automobile College | Cao đẳng ô tô Nhật Bản |
| nipper | Kềm/ kìm cắt |
| Nipple | Núm vú |
| nitric acid | axit nitric |
| nitride | nitrit |
| nitriding method | phương pháp thấm nitơ |
| nitriding steel | thép thấm nitơ |
| nitriding treatment | xử lý thấm nitơ |
| Nitrogen | Nitơ |
| Nitrogen Dioxide | Điôxít nitơ |
| Nitrogen gas | Khí nitơ |
| Nitrogen Oxides | nitơ ô-xít |
| No accident | Không có tai nạn |
| No entry | Cấm vào |
| no longer | không còn |
| No way | Không đời nào |
| noise | tiếng ồn |
| Noise detection tester | bộ kiểm tra phát hiện tiếng ồn |
| noise meter | máy đo tiếng ồn |
| noise regulation | điều chỉnh tiếng ồn |
| Noisy | Ồn ào |
| Nominate | Đề cử/ bổ nhiệm |
| normal | bình thường |
| not come true | Không thành sự thật |
| not enough | không đủ |
| not to mention | chưa kể/ huống chi |

| | |
|---|---|
| Note | Ghi chú |
| nothing | không có gì |
| Numb | Tê |
| Number | Con số |
| Number light | Đèn số |
| Number of sheets | Số tờ |
| Number plate | Số đăng ký tấm |
| numbness | tê tái/ tê liệt |
| Numerical value | Giá trị bằng số |
| nut | hạt/ đai ốc |
| Nylon bush | Đúc dùng nylon/ chổi nilông |
| O2 sensor | cảm biến oxy |
| OBD-II | OBD2 |
| Observe | quan sát |
| obtain | đạt được/nhận được |
| Obvious | Hiển nhiên |
| Occupy | Chiếm |
| Occur | Xảy ra/ nảy sinh |
| odd numbers | Số lẻ |
| odometer | đồng hồ đo đường |
| Of course | Tất nhiên |
| Of that | Của đó/ trong thời gian đó |
| Office work | Công việc văn phòng |
| often | thường xuyên |
| oil | dầu |
| oil coole | làm mát dầu |
| oil falling | dò rỉ dầu |

| | |
|---|---|
| oil pan | chảo dầu |
| oil rising | dầu tăng |
| oil seal | seal dầu |
| oil stain | Vết dầu |
| Omen | Điềm báo |
| Omit | Bỏ sót |
| On the way | dọc đường |
| once | Một lần/ trước |
| One after another | Lân lượt tưng ngươi một |
| One by one | Từng cái một |
| One way | thông thường/ đại khái |
| only | chỉ có |
| open | mở/ ngỏ |
| operation | Hoạt động/ hành động |
| operation | hoạt động |
| opposed piston type | loại piston đối diện |
| opposed type | loại đối lập |
| Opposition | Sự đối lập |
| optic axis | trục quang |
| Or | Hoặc là/ hay |
| order | đặt hàng/ tuần tự |
| Orderly | Có trật tự/ trong thứ tự tốt |
| Ordinance | Sắc lệnh/ điều lệnh |
| Origin | Gốc/ nguồn |
| Original Equipment Manufacturer | nhà sản xuất thiết bị gốc |
| Original Equipment Manufacturer | Sản xuất OEM |
| Originally | Ban đầu/ khởi đầu |

| | |
|---|---|
| originally | ban đầu/ nguyên là |
| O-ring | vòn chữ O |
| Other | Khác |
| out of gas | Hết xăng |
| Out of stock | Hết hàng |
| outer parts | bộ phận ngoại thất |
| outlet | Lối ra |
| output | đàu ra |
| output circuit drive actuator | bộ truyền động mạch đầu ra |
| output shaft | trục đàu ra |
| outside | Bên ngoài / ở ngoài |
| outstanding | nổi bật |
| Outstanding | Nổi bật/ đáng chú ý |
| over fender | Trên fender |
| over running clutch | ly hợp quá mức |
| Overall | Nhìn chung |
| overall width | Chiều rộng đầy đủ |
| overdrive ratio | tỷ lệ tăng tốc |
| overhaul | Đại tu |
| overheat | Nóng quá mức |
| overheated | Quá nóng |
| overheating | Quá nóng |
| overlook | bỏ qua |
| ozone hole | Lỗ hổng ôzôn |
| ozone layer | tầng ozone |
| pack | đóng gói |

| | |
|---|---|
| packing | Đóng gói/ bao bì/ sự bịt kín |
| Painfully | Đau đớn |
| paint | Sơn/ vẽ |
| Paint film | Sơn phim / lớp sơn |
| Painting | Bức vẽ/ lớp phủ ngoài |
| Palladium | Palladium |
| Parallel | Song song / tương đồng |
| parallel hybrid system | Hệ thống hybrid song song |
| parallel series hybrid system | Hệ thống lai loạt song song |
| parking light | đèn đỗ xe |
| Parking Lot | Bãi đậu xe |
| parts | các bộ phận |
| Pass | Vượt qua |
| Pass | đã qua/ trải qua |
| Pass through | cho đi qua |
| Passing each other | Chuyền nhau |
| Patient | Kiên nhẫn |
| Peculiar | Kỳ lạ/ độc đáo |
| peel off | Bóc vỏ/ tróc vỏ |
| Performance | thành tích |
| Performance | Hiệu suất/ tính năng |
| performance curve | Đường cong hiệu suất |
| period | giai đoạn = Stage/ chu kỳ |
| Personal property | Tài sản cá nhân |
| petrol tank | Bình xăng |
| phenomenon | hiện tượng |
| phillips screw driver | tuốc nơ vít Phillips |

| | |
|---|---|
| photochemical smog | hơi sương Photochemical |
| pile up | chồng lên |
| Pillar | Trụ cột |
| pilot injection control | kiểm soát tiêm thí điểm |
| Pinch | véo/ kẹp/ nắm |
| pinion gear | Bánh răng nhỏ |
| pipe | ống/ ống dẫn |
| pipe wrench | Cờ lê ống |
| piston | Piston |
| pitch | sân cỏ/ hắc ín |
| pitch resisting paint | sơn kháng pitch |
| pitching | lắc dọc |
| place / set | xếp/ đặt / Bộ |
| Placement | Vị trí |
| Plain washer | Long đen phẳng |
| Plan | Kế hoạch |
| plane | mặt phẳng/ bình diện |
| Planetary gear | bánh răng hành tinh |
| plastic deformation | biến dạng dẻo |
| plastic hammer | Búa nhựa |
| Plating | Xi mạ |
| Platinum | Bạch kim |
| play | chơi |
| plenty | nhiều |
| pliers | kìm có răng |
| pliers | cái kìm |
| plug | phích cắm/ nút |

| | |
|---|---|
| Pneumatic governor | bộ điều chỉnh bằng khí nén |
| Pneumatic suspension | Hệ thống treo khí nén |
| Point | Điểm/ bảng tóm tắt |
| point of view | quan điểm/ quan điểm |
| Pointed out | Chỉ ra |
| Pointing | Chỉ trỏ |
| Poisonous | Có độc |
| polish | đánh bóng |
| Polycarbonate | Polycarbonate/ nhựa PC |
| Polyethylene resin | Nhựa polyethylene |
| Polypropylene | Polypropylene |
| Polyvinyl butyral | Polyvinyl butyral |
| Polyvinyl chloride | clorua polyvinyl |
| Polyvinyl Chloride | nhựa PVC |
| poor | nghèo/ không đủ |
| Portrayal | Chân dung |
| position | vị trí |
| positive | tích cực |
| positive numbers | số dương |
| Possession | Chiếm hữu/ sở hữu |
| Possibly | Có khả năng/ có thể |
| potential | tiềm năng/ điện thế |
| Potential difference | Sự khác biệt tiềm năng/ hiệu số điện thế |
| pour it up | Đổ / đổ nó lên |
| pour it up | đổ nó lên/ rót |
| powder | Bột |

| | |
|---|---|
| power | động lực |
| power | quyền lực/ sức mạnh |
| Power distribution device | Một thiết bị phân phối công suất động cơ |
| Power equipment | Thiết bị điện/ đơn vị điện |
| Power generation | Sản xuất điện/ phát điện |
| Power loss | Tôi không có năng lượng để di chuyển |
| Power steering gearbox | hộp trợ lực lái |
| Power steering pump | bơm trợ lực lái |
| Power supply | Nguồn cấp |
| Power train | hệ thống truyền lực/ hệ thống động lực |
| Power transistor | tranzito công suất |
| Power transmission device | Thiết bị truyền công suất động cơ |
| Power window motor | động cơ cửa sổ điện |
| Practical | Thực dụng |
| practice | thực hành |
| Precipitation | Lượng mưa/ sự kết tủa |
| precision | Chính xác |
| precision | độ chính xác |
| Prediction | Sự dự đoán |
| Prejudice | Định kiến |
| preloaded | dây đai an toàn với pretensioners |
| Premise | Tiền đề |
| Preparation | Sự chuẩn bị |
| prepare | Để duy trì / chuẩn bị |
| presence or absence | hiện diện hay vắng mặt/ có hay không có |
| pressure ratio | tỷ lệ áp suất |

| | |
|---|---|
| Prevent | Ngăn chặn/ cahr trở |
| Prevention | Phòng ngừa |
| Priodical maintenace | kiểm tra định kỳ và bảo trì |
| priority | sự ưu tiên |
| Probably | Có lẽ |
| probe | thăm dò |
| procedure | thủ tục |
| proceed | tiến hành |
| process | quá trình |
| processing | gia công |
| processing | Chế biến/ xử lý |
| production | sản xuất |
| Profession | Nghề nghiệp |
| Progress | Phát triển |
| Promotion | Khuyến mại |
| Promptly | Nhanh chóng |
| Propeller shaft | trục bộ cánh quạt |
| Properly | Đúng/ ngăn nắp |
| Proportional | Theo tỷ lệ |
| Prospect | Tiềm năng/ viễn cảnh |
| protect | bảo vệ |
| protection | Bảo vệ/ bảo hộ |
| Protective eyewear | Kính bảo hộ |
| Prove | Chứng minh |
| Psychology | Tâm lý |
| Pull | Kéo |
| Pull inn coil | Cuộn dây kéo vào |

| | |
|---|---|
| Pull out | nhổ/ rút/ kéo ra |
| Pull up | Kéo lên |
| pump | máy bơm |
| pumping loss | Sức mạnh của áp suất âm cướp đi mã lực của động cơ |
| pure | nguyên chất |
| Purposely | Có chủ đích |
| Pursuit | Theo đuổi |
| push | Đẩy |
| put | đặt |
| put in | Đưa vào |
| Put in there | Đặt vào đó |
| quality | chất lượng |
| Quality Control | Kiểm soát chất lượng |
| quantity | định lượng/ số lượng |
| Quantity | Định lượng/ phân lượng |
| quarter panel | một phần tư bảng |
| quenched | dập tắt |
| Question | Câu hỏi |
| Question | Câu hỏi |
| Question-and-answer session | Mục Hỏi và trả lời |
| Quick | Nhanh chóng |
| quick use battery | ngay lập tức pin |
| Quickly | Mau/ siêng năng |
| quite | đáng kể |
| Quite | Khá/ rất |
| R range | phạm vi R |

| | |
|---|---|
| Rack & Pinion Steering | hệ cơ cấu lái loại Rack &Pinion |
| radiation | sự bức xạ |
| Radiator | Bộ tản nhiệt |
| Radiator cap | Nắp bộ tản nhiệt |
| Radiator grille | Tản nhiệt lưới tản nhiệt |
| Radio wave | Sóng radio |
| radius | bán kính |
| Rare metal | Kim loại hiếm |
| Rarely | Ít khi |
| ratchet | bánh cóc |
| Rather | Hơn |
| Rating voltage | điện áp định mức |
| ratio | tỉ lệ |
| Reach | Chạm tới/ đạt tới |
| reaction | phản ứng |
| read | đọc |
| Real thing | Điều có thật |
| Reality | Thực tế |
| Realization | Hiện thực hóa |
| Really | Có thật không/ thực |
| rear view inspection camera | camera quan sát phía sau |
| rearview mirror | kiếng chiếu hậu |
| Reasonable | Hợp lý |
| Re-built Engine | Tái tạo động cơ |
| Re-built parts | Tái sản xuất các bộ phận |
| Receive | Nhận được |

| | |
|---|---|
| recessed / sunken | Lõm / Bị chìm |
| reciprocating engine | động cơ kiểu qua lại |
| recite | Đọc thuộc lòng |
| RECO Japan | RECO Nhật bản |
| recognition | sự công nhận |
| recommend | giới thiệu |
| Recommendation | sự giới thiệu |
| record | Ghi lại |
| rectangle | quảng trường |
| Rectangle | Hình chữ nhật |
| rectifier | máy chỉnh lưu |
| rectifying circuit | Mạch chỉnh lưu |
| Recycle | Tái chế |
| recycle parts | bộ phận tái chế |
| Recycle parts | các bộ phận tái chế |
| Recycling fee | phí tái chế |
| recycling society | xã hội tái chế |
| Reduce | giảm/ giảm bớt |
| Reduction | Giảm/ co nhỏ |
| refill | làm đầy lại/ sự đổ đày lại |
| Refrigerant gas | Khí để làm mát / ga lạnh |
| regenerative brake control | Kiểm soát phanh tái tạo |
| Registration mark | bảng hiệu đăng ký |
| Registration of Deletion | Hủy đăng ký |
| regulator | bộ điều chỉnh |
| Reinforcement | Gia cố/ tăng cường |

| | |
|---|---|
| Relatively | Tương đối |
| release | giải phóng |
| reliable | đáng tin cậy |
| Relief valve | Van cứu trợ/ van xả |
| Remarkable | Đáng chú ý/ đáng kể |
| remarkably | đáng kể/ rõ ràng |
| removable | tháo lắp được |
| remove | Để xóa / Tẩ y/ đỏ đi / trừ bỏ |
| remove | tháo rá/ xóa bỏ/ bỏ |
| Renewable Energy | Năng lượng tái tạo |
| repair | Sửa / Sửa chữa |
| Repair plant | nhà máy sửa chữa |
| replace | thay thế |
| Repulsion | Mối thù ghét |
| Reserve | dự trữ/ dự bị |
| Reserver tank | Bể nước lưu trữ |
| resistance | Sức cản |
| Resistance spark plug | điện trở đặt trong bougie |
| resonance | Cộng hưởng/ đồng cảm |
| responsibility | trách nhiệm |
| Responsibility | Nhiệm vụ |
| retainer | Các bộ phận hỗ trợ |
| retarded angleg | góc chậm phát triển |
| return | Để trở lại |
| Reuse | Tái sử dụng |
| rework | làm lại |

| | |
|---|---|
| Right after | Ngay sau khi |
| right angle | Góc phải |
| rigid vibration | rung động cứng nhắc |
| rim | Vành |
| Ring | làm cho kêu |
| ring gear | Vòng bánh/ vòng răng bánh đà |
| Rinse | Rửa sạch |
| rinse | rửa sạch/ súc |
| Rise | Tăng lên |
| risk | rủi ro |
| Rival | Đối thủ |
| roadway | lòng đường/ đường xe chạy |
| roar sound | âm thanh Roaring/ Tiếng gầm |
| Rocker cover | Bao thanh truyền |
| rod | gậy |
| role | vai trò |
| Roll bar | Ống bảo vệ xe trong trường hợp bị ng ã |
| room | chỗ/ nơi |
| rotate | quay |
| rotation | vòng xoay |
| rotation | Vòng xoay/ sự tự xoay vòng |
| rotational force | Lực quay |
| rough | thô |
| rough | thô ráp |
| Roughly | Đại khái |
| round | tròn |
| round trip | chuyến đi khứ hồi |

| | |
|---|---|
| Rounded | Làm tròn |
| rub | Mệt mỏi/ chà |
| rubbed and decreased / worn | Đeo ra / Mặc |
| rubber hammer | Búa cao su |
| ruler | cái thước |
| Running | chạy |
| running resistance | chạy kháng |
| Running-in | Chạy vào |
| rupture | vỡ |
| Rush | Vội vàng |
| rust | Rỉ |
| rusted | Rỉ |
| safety belt | đai an toàn |
| safety belt | dây an toàn |
| safety cylinder | xi lanh an toàn |
| safety factor | yếu tố an toàn |
| safety first | an toàn là trên hết |
| safety glass | Kính an toàn |
| safety valve | van an toàn |
| safety vehicle | Xe an toàn |
| safing sensor | cảm biến an toàn |
| salesman | người bán hàng |
| Same | Tương tự/ đồng nhất |
| sample | mẫu vật |
| satellite sensor | cảm biến vệ tinh |
| Saturation | Bão hòa |
| Saving | Tiết kiệm |

| | |
|---|---|
| saw | Cưa |
| saybolt viscometer | Máy nhớt kế Saybolt |
| scale | Đọc quy mô |
| Scatter | Tiêu tan/ làm vương vãi |
| Scatter | Tiêu tan/ phân tán |
| Scattered | Rải rác |
| scavenging | quét khí xả |
| scavenging action | hoạt động quét khí xả |
| scavenging port | cửa quét khí xả |
| scavenging pump | máy bơm quét khí xả |
| Scissors | Cây kéo |
| screw | Đinh ốc |
| screwdriver | Cái vặn vít |
| scribble stick | Cây viết nguệch ngoạc |
| scribing needle | Kim viết nguệch ngoạc |
| Seam | Đường may |
| seatbelt | dây an toàn |
| seatbelt pretensioner | Thiết bị cuộn dây đai |
| second | thứ hai |
| second gear | bánh răng thứ hai |
| second hand | kim giây |
| second hand parts | phần cữ |
| second speed | tốc độ thứ hai |
| Second Thermodynamic Law | Các định luật hai của nhiệt động lực học |
| Secondary battery | Pin phụ |
| secondary cell | Pin sạc/ tế bào thứ cấp |

| | |
|---|---|
| secondary chamber | Trung học-side giải nén buồng |
| Secondary coil | Cuộn dây thứ cấp |
| Secondary couple | Cặp đôi phụ |
| secondary moment of area | Một giá trị được xác định bởi hình dạng và kích thước của diện tích mặt |
| Secondary vibration | Rung thứ cấp |
| Secondary voltage | Điện áp thứ cấp |
| Secondary winding | Cuộn thứ cấp |
| secondhand car | Xe ô tô cũ |
| section | phần |
| sector gear | bánh răng ngành/ bánh răng sector |
| secure with screws | Cố định bằng ốc vít |
| sedan | Ô tô có mái che cố định |
| sediment | trầm tích |
| segment | phân đoạn |
| select | Để chọn / lựa chọn |
| select button | Nút chọn |
| select lever | chọn đòn bẩy |
| selenium | selen |
| selenium rectifier | bộ chỉnh lưu selen |
| self discharge | Tự phóng điện |
| self induction | tự cảm ứng |
| self motor | Tự khởi động |
| self starter | Tự khởi động |
| self tapping screw | Vít tự khai thác/đinh ốc tự khóa |
| self-adjusting tappet | tappets điều chỉnh tự động |
| self-diagnosis system | Hệ thống tự chẩn đoán |

| self-ignition | tự đánh lửa |
| self-induction | tự cảm ứng |
| semester | học kỳ |
| semi automatic | bán tự động |
| semi conductor | chất bán dẫn |
| semi floating axle | trục xe bán nổi |
| semi metallic linning | lớp lót bán kim loại |
| Semi trailing arm type | Loại cánh tay semi-trailing |
| Semi-floating axle | Trục bán nổi/ trục nửa thoát tải |
| sender | người gửi |
| sender gauge | thước đo người gửi |
| sender unit | đơn vị gửi |
| Senior | tiền bối |
| sensitive | nhạy cảm |
| sensor | cảm biến |
| sensory pollution | ô nhiễm cảm giác |
| separated excitation | kích thích độc lập |
| separated excitation generator | Máy phát điện kích thích độc lập |
| separately | riêng biệt/ riêng rẽ từng cái |
| separator | máy tách |
| sequential injection method | phương thức phun nhiên liệu Sequential |
| serial number | số sê-ri |
| series | loạt |
| series circuit | mạch nối tiếp |
| series coil | cuộn dây nối tiếp |
| series connection | loạt nối tiếp |

| | |
|---|---|
| series hybrid system | Hệ thống hybrid Series |
| Serious | Nghiêm trọng/ trọng đại |
| Seriously | Nghiêm túc |
| Sermon | Bài giảng/ thuyết giáo |
| serration | răng cưa |
| service life | tuổi thọ máy móc |
| set | thiết lập/ đặt |
| set | Đặt / bộ |
| setting | cài đặt |
| SEV effect | Hiệu ứng SEV (Cải thiện các tổn thất khác nhau trong ô tô) |
| Seven speed manual mode control | 7 tốc độ hướng dẫn sử dụng chế độ kiểm soát |
| shaft | trục |
| shaft | Trục gá |
| Shake | Rung chuyển |
| shank | chân |
| shape | làm khuôn |
| sharp | nhọn |
| sharpen | làm sắc nét |
| shave | Làm sắc nét |
| shave off | Cạo bỏ |
| shear | cắt |
| shell type bearing coupling joint | loại khớp nối ổ trục |
| Shift | Thay đổi vị trí/ đổi chỗ |
| shimmy | đảo bánh trước/ rung lắc |
| shine | soi sáng |
| Shiny | Sáng bóng |
| shock | sốc |

76

| | |
|---|---|
| shock absorber | bộ giảm xóc |
| shop | cửa tiệm/ cửa hiệu |
| short circuit | ngắn mạch |
| Shortage | Sự thiếu |
| Shortening | Sự làm ngắn lại |
| should not be done | không nên làm |
| show | Chỉ |
| showroom | phòng trưng bày |
| Shredder | Máy hủy tài liệu |
| shredder dust | bụi băm |
| Shrink | Co lại |
| shrunk | Héo / Nhún |
| shut down (hybrid system) | tắt (hệ thống lai) |
| shutter | màn trập/ cửa chớp |
| side | bên |
| side air bag assembly | lắp ráp túi khí bên |
| side cam | cam bên |
| side impact sensor | Cảm biến va chạm mặt bên |
| side shill | Ngưỡng cửa bên |
| sign | Tín hiệu/ hiệu lệnh |
| Sign | Ký tên |
| signal | tín hiệu/ đèn hiệu/ báo hiệu |
| signal form | dạng tín hiệu |
| Silicon | Silicon |
| silicon nitride | silicon nitride |
| Simmer | Nhìn/ ngâm |

76

| | |
|---|---|
| Simple | Đơn giản |
| simply | đơn giản |
| simulation | mô phỏng |
| simultaneous | đồng thời/ cùng lúc |
| sincerity | sự chân thành |
| sine wave | Sóng hình sin |
| single | Độc thân |
| Single contact bulb | bóng đèn tiếp xúc đơn |
| single phase AC | một pha AC |
| single plate clutch type | loại ly hợp một đĩa |
| Singular | Số ít/ số đơn |
| Situation | Tình hình/ tình huống |
| size | Kích thước |
| Skill | Kỹ năng |
| Skillful | Khéo léo |
| sky-hook control | điều khiển móc bầu trời |
| slack adjuster | bộ điều chỉnh slack |
| slalom | Slalom |
| slant | xiên |
| slap | tát/ cài tát |
| sleeve | Tay áo |
| sleeve valve | van tay áo |
| slide down | Trượt xuống |
| slide hammer | búa trượt |
| slide rail | đường sắt trượt |
| slide switch | công tắc trượt |

| | |
|---|---|
| sliding gear | dụng cụ trượt |
| sliding hammer | búa trượt |
| sliding roof | mái trượt |
| Slightly | Nhẹ nhàng/ ít nhiều |
| slip | trượt |
| slip /slide | Trượt / Để trượt |
| slip angle | góc trượt |
| slip check | Phiếu kiểm tra |
| slip fan | quạt trượt |
| slip indicator lamp | đèn báo trượt |
| slip ring | vòng trượt |
| slipper skirt piston | pít tông dép váy |
| slit | khe hở |
| Slope | Dốc |
| Slope climbing performance | Hiệu suất leo dốc |
| sloppy | luộm thuộm |
| slot | khe cắm |
| slow down | chậm lại/ diễn tiến chậm |
| slow jet | phản lực chậm |
| sludge | bùn |
| Sly | chậm rãi |
| small | Nhỏ |
| Small amount | Số lượng nhỏ |
| small end | đầu nhỏ |
| Small light | Ánh sáng nhỏ |
| Smear | bôi nhọ/ vết ố/ rỉ ra |
| smog | Mây mù |

| | |
|---|---|
| smoke meter | mét khói |
| smooth | Để được mịn màng/ mượt mà |
| Smooth | Trơn tru |
| Smoothly | Thông suốt/ thuận lợi |
| Smoothly | một cách êm ả |
| So | Vì thế/ và |
| So / for this reason | vì lý do này / vì thếvì thế |
| So that's it | À chính nó đấy/ quả vậy |
| So to speak | Vì vậy, để nói/ có thể nói như là |
| Soak | Ngâm |
| Soaked | Ướt sũng/ sâu sắc |
| So-called | Cái gọi là |
| socket | ổ cắm |
| socket spanner | Cờ lê ổ cắm |
| socket wrench | Cờ lê ổ cắm |
| sodium | natri |
| Sodium cooling valve | Van làm mát bằng natri |
| soft | Mềm |
| soft metal | kim loại mềm |
| soft top | mềm đầu |
| Soft water | Nước mềm |
| softening | làm mềm |
| solar car | xe năng lượng mặt trời |
| solar energy | năng lượng mặt trời |
| solar panel | panel năng lượng mặt trời |
| Solar radiation sensor | Cảm biến bức xạ mặt trời |
| solder | hàn/ hợp kim hàn |

| | |
|---|---|
| Solder paste | nhựa hàn |
| soldering iron | sắt hàn/ mỏ hàn |
| solenoid | Solenoid |
| solenoid coil | cuộn dây điện từ |
| solenoid switch | công tắc điện từ |
| solenoid valve | van Solenoid |
| solid | rắn chắc |
| solid disc | đĩa cứng |
| solid friction | ma sát rắn |
| solid piston | rắn piston |
| solid tire | lốp rắn |
| solution | giải pháp/ dung dịch |
| Solution approach to rational business management supported by WFN, etc | Phương pháp giải pháp để quản lý doanh nghiệp hợp lý do WFN ủng hộ, |
| solve | Để làm sáng tỏ / gỡ rối |
| solvent | dung môi |
| some / anyway | xin vui lòng/ dù sao |
| somehow | bằng cách nào đó/ bằng cách này cách khác |
| somehow | không hiểu sao/ không có lý do cụ thể |
| Sometimes | Đôi khi |
| Somewhat | Phần nào đó |
| soon | sự gần kề |
| Soon | sắp/ chẳng bao lâu nữa |
| sound absorbing material | Vật liệu hấp thụ âm thanh |
| sound scope | Phạm vi âm thanh |
| sound scope | ống nghe |
| Soundproof | Cách âm |

| | |
|---|---|
| source | nguồn |
| space | không gian/ khoảng trống |
| spacer | spacer |
| spanner | cờ lê |
| spare parts | Phụ tùng |
| Spare parts | bộ phận dự phòng |
| spare tire | lốp dự phòng |
| Spark plug | bugi / Đánh lửa Hung |
| speaker | loa |
| special | Đặc biệt |
| Special alloy steel | Thép đặc biệt |
| Special cast iron | Gang đặc biệt |
| Special processing | Chế biến đặc biệt |
| Speciality Equipemnt Market Association | hiệp hội thiết bị ô tô Hoa Kỳ |
| Specially | Đặc biệt/ với rất nhiều cố gắng |
| Specialty | Chuyên môn |
| Specific CFC | CFC cụ thể |
| specific gravity | trọng lượng riêng |
| Specific gravity of electrolyte | Khối lượng riêng của chất điện phân |
| specific recycling articles | Mặt hàng tái chế cụ thể |
| specification | sự chỉ rõ/ cách |
| Specification | bảng chỉ rõ |
| specification | Lời nói đầu/ sự chỉ rõ |
| speed | tốc độ |
| speed display | thiết bị hiển thị tốc độ |
| speed ratio | tỷ lệ tốc độ |
| Speed up | làm nhanh |

| | |
|---|---|
| speedometer | công tơ mét |
| spherical joint | khớp hình cầu |
| spin | quay |
| spindle | Trục |
| spindle oil | Dầu thủy lực |
| spiral cable | Cáp xoắn ốc |
| splash | văng lên |
| spline | Đường rãnh |
| spline shaft | Spline trục |
| split | Tách/ chia |
| split / rift | Một vết nứt / Rạn nứt |
| split cotter | Nêm chia |
| split pin | Ghim tách |
| Spoil | làm hư hỏng |
| spoiler | Phiên bản khí động học kiểm soát |
| spoke | nan hoa |
| spoke wheel | bánh ze nan hoa |
| sponge | bọt biển |
| spontaneous ignition | Tự đánh lửa |
| spool valve | van ống |
| sport car | Xe thể thao |
| sport model | mô hình thể thao |
| spot welding | Hàn điểm |
| sprag clutch | sprag ly hợp |
| spray booth | gian hàng thuốc xịt |
| spray gun | Súng phun |
| spread | Để trải ra / lây lan |

| | |
|---|---|
| spring | lò xo |
| spring constant | hằng lò xo |
| spring leaf | lò xo lá |
| spring tester | mày kiểm tra lò xo |
| spring washer | Long đen vênh |
| sprocket | Bánh |
| sprung weight | sprung trọng lượng |
| square | hình vuông |
| squat | ngồi xổm |
| squeal | kêu la |
| squeeze | vắt kiệt |
| stabilizer | Ổn định |
| stage | sân khấu/ bước |
| stall test | Kiểm tra tốc độ của đầu ra bánh răng cố định khi động cơ mở hoàn toàn |
| standard | Tiêu chuẩn |
| Start | Khởi đầu/ động đậy |
| state | Tiểu bang / Trạng thái |
| State | tuyên bố/ nói rõ |
| static | tĩnh |
| static electricity | Tĩnh điện |
| Stationary | Đứng im |
| stator | Cuộn dây cố định |
| steadily | dần dần/ đều đều |
| Steadily | Ổn định/ đều đều |
| Steel | Thép |
| steel belt | Dây đai thép |
| Steelmaking | Luyện thép/ sản xuất sắt |

| | |
|---|---|
| steering | thiết bị chỉ đạo |
| steering angle | góc lái |
| steering angle sensor | cảm biến góc độ tay lái |
| steering axis angle | góc trục lái |
| steering axle | Trục lái |
| steering damper | Ban chỉ đạo giảm xóc |
| steering gear box | Hộp bánh lái |
| steering sensor | cảm biến lái |
| steering shake damper | tay lái rung van điều tiết |
| steering wheel | vô lăng |
| stethoscope | ống nghe |
| Sticky | Dính |
| Still | Vẫn/ chịu đựng |
| Stop | Dừng lại |
| Stop distance | Khoảng cách dừng |
| storage | lưu trữ/ dự trữ |
| storage battery | pin lưu trữ |
| store | tich trữ |
| straght line | Đường thẳng |
| Straight | Thẳng |
| straight ruler | thước thẳng |
| straight scale | thang đo thẳng |
| strained | Căng thẳng/ bị méo/ bị cong |
| strainer | Thiết bị lọc |
| Strange | Kỳ lạ |
| strategy | chiến lược |
| stratified charge combustion | sự đốt cháy phân tầng |

| | |
|---|---|
| stratified combustion | đốt cháy phân tầng |
| Strengthen | Tăng cường/ khỏe lên |
| strike | đánh |
| stroke | Khoảng cách đi từ đầu đến cuối |
| strut | Prop/ đi khệnh khạng |
| strut tower bar | thanh tháp thanh chống |
| stud bolt | vít tán/ bu lông tán |
| Study | Học |
| Stumble | Tình cờ gặp/ vấp |
| sturdy / durable | Mạnh mẽ / vững chắc |
| Subjectivity | Chủ quan |
| Substance | Vật chất |
| Substitute | sự thay thế |
| subtle | tế nhị |
| subtraction | Phép trừ/ tính trừ |
| Success | Sự thành công/ sự tăng tiến |
| suck | hút |
| suddenly | đột ngột |
| Suddenly | Đột ngột/ bỗng nhiên |
| suibel bearing | vòng bi trượt |
| suitable | Phù hợp |
| suitable | thích hợp |
| Sulfur dioxide | Điôxít lưu huỳnh |
| Sulfurous Oxide | Oxit lưu huỳnh |
| sun gear | Bánh răng mặt trời |
| Super Ultra Low Emission Vehicle | xe ô nhiễm siêu siêu thấp |
| supercharger | siêu tăng áp |

| | |
|---|---|
| Supple | Dẻo dai/ mềm dẻo |
| Supplement | Phần bổ sung |
| supply | Cung cấp |
| supply pump | bơm cấp |
| surely | quả nhiên/ quả thật |
| surface | bề mặt |
| surface gauge / trusquim | máy đo bề mặt |
| surface treatment | xử lý bề mặt |
| Surrounding | Bao quanh/ chung quanh |
| Suspended Particulate Matter | Vật chất dạng hạt lơ lửng |
| suspension | Hệ thống treo |
| Swell | Sưng lên |
| swirl | xoáy |
| swirl chamber | buồng xoáy |
| swirl type | loại xoáy |
| switch | công tắc điện |
| switch drive actuator | chuyển đổi ổ đĩa thiết bị truyền động |
| Synchronization | Đồng bộ hóa |
| Synchronous mesh | Lưới đồng bộ |
| system | chế độ/ hệ thống |
| system main relay | Chính chuyển tiếp |
| table | bàn |
| tachograph | tachograph |
| tachometer | máy đo tốc độ / tốc độ kế |
| Tail fin | Vây đuôi |
| tail lamp | đèn hậu |

| | |
|---|---|
| Tail light | Đèn đuôi |
| Tail pipe | Đuôi ống/ ống xả khói |
| take the place | gồm có/ kiêm nhiệm |
| take turns | Thay phiên |
| tandem master cylinder | xi lanh chủ tandem |
| tandem piston | pittông song song / pittông tiếp đôi |
| tangent | tiếp tuyến |
| tangential brush | Bàn chải tiếp tuyến |
| tangential cam | Cam tiếp tuyến |
| tank lorry | xe bồn |
| tap | vòi / Công cụ để luồng |
| tap handle | tay quay tarô |
| tap holder | Nơi giữ dụng cụ cắt vít |
| tape | băng dính |
| taper | côn |
| Taper face type piston ring | Vòng piston loại côn |
| Taper key | Phím côn |
| Taper shank | Thân côn |
| Tapered | Giảm dần |
| Tapered roller bearing | Ổ trục côn/ ổ đũa côn |
| tappet | nâng van |
| tappet adjusting screw | ốc chỉnh xú páp / Vít điều chỉnh cho c ác bộ phận trượt |
| tappet clearance | Khoảng cách của các bộ phận trượt |
| tappet cover | Nắp cho các bộ phận trượt |
| tappet roller | con lăn tappet |
| tappet spanner | cờ lê tappet |
| tappet wrench | cờ lê tappet |

| | |
|---|---|
| tar | tar |
| tattered | Đeo ra / mòn / rách nát |
| tax | Thuế |
| taxi meter | đồng hồ xe taxi |
| Teamwork | Làm việc theo nhóm |
| Tear off | Xé nhỏ/ bóc |
| technician | kỹ thuật viên/ nhà kỹ thuật |
| Technique | Kỹ thuật |
| Teflon | Teflon |
| Telescopic | Kính thiên văn/ kiểu ống lồng |
| Telescopic antenna | Ăng ten rút |
| Telescopic steering | tay lái điều khiển tấm lái |
| Telescopic type | kiểu ống lồng |
| Tempareture | Nhiệt độ |
| Temper | Nhiệt độ |
| temperature air output | Nhiệt độ cần thiết để không khí thoát ra khỏi cửa ra |
| Temperature gauge | Đồng hồ đo nhiệt độ |
| Temperature sensor | Cảm biến nhiệt độ |
| Tempered glass | Kính nhiệt |
| temporary deletion | xóa tạm thời |
| Tenacity | tính chất dính/ Sự bền bỉ |
| Tension pulley | con lăn căng/ puli căng |
| Tension rod | thanh chịu kéo/ thanh kéo |
| Tensioner | bộ kéo căng |
| terminal | thiết bị đầu cuối |
| terminal voltage | điện áp đầu cuối |
| terrible | khủng khiếp/ quá đáng |

| | |
|---|---|
| Test bench | Bàn thử |
| Test hammer | Búa thử |
| textbook | sách giáo khoa |
| Thanks | Cảm ơn |
| that is | nói cách khác/ có nghĩa là |
| That is | tóm lại/ tức là |
| That much | Nhiều/ ở mức độ đó |
| The details | Chi tiết |
| The entire | Toàn bộ |
| then | sau đó |
| theorem | định lý |
| theory | học thuyết |
| There | Đó |
| There is no | mất/ hết |
| therefore | vì thế |
| thermostat | máy điều nhiệt |
| thick | dày |
| thickness | Độ dày |
| thickness gauge | Đo độ dày |
| third angle method | phương pháp góc ba |
| Thorough | Kỹ lưỡng/ làm triệt để |
| Thoroughly | chỉ có/đến cuối cùng |
| thread | Chủ đề |
| Three actions of electric current | Ba hành động của dòng điện |
| three joint propeller shaft | trục chân vịt 3 khớp |
| three phase | ba pha |
| three way | ba cách |

| | |
|---|---|
| three way catalyst | Chất xúc tác ba chiều |
| three wheeler | xe ba bánh |
| throttle adjusting screw | Vít điều chỉnh van tiết lưu |
| throttle body injection | Kim phun được gắn vào thân van tiết lưu |
| throttle nozzle | vòi phun ga/ vòi phun tiết lưu |
| throttle position sensor | Cảm biến vị trí van tiết lưu |
| throttle positioner | bộ định vị ga |
| throttle potentiometer | chiết áp tiết lưu |
| throttle switch | Công tắc van tiết lưu |
| throttle valve | Van tiết lưu |
| through bolt | thông qua bu lông |
| throw | ném/ vứt |
| throw away | vứt đi |
| throw open | mở ra/ buông |
| thrust | đẩy |
| thrust bearing | Lực đẩy vòng bi |
| thrust washer | máy giặt đẩy |
| tidy up | Dọn dẹp/ dọn gàng |
| Tie | buộc |
| tie rod | Thanh kết nối cho tay lái |
| Tie-rod end | Nó là đầu của thanh nối lái |
| tight | chặt chẽ / Khó khăn |
| Tighten | Thắt chặt |
| tighten tightly | Thắt chặt |
| tightening order | thuần tự siết |
| tilt handle | tay cầm nghiêng / tay lái điều chỉnh độ nghiêng |
| tilt steering | tay lái điều chỉnh độ nghiêng |

| | |
|---|---|
| time lag | độ trễ thời gian |
| time lag test | kiểm tra thời gian-tụt hậu / kiểm tra đ ọ trễ thời gian |
| Time point | Thời điểm |
| time table | biểu thời gian |
| Timed injection | Phương pháp giải phóng nhiên liệu đ ều đặn |
| timer | hẹn giờ |
| timer control unit | Bộ đếm thời gian đơn vị kiểm soát |
| timer spring | lò xo hẹn giờ |
| timing belt | Vành đai thời gian |
| timing chain | Chuỗi phù hợp với thời gian của động cơ |
| timing chain tensioner | Các bộ phận kéo căng xích để phù hợp với thời gian của động cơ |
| timing gear | bánh răng điều phối |
| timing light | Đèn để điều chỉnh thời điểm đánh lửa động cơ |
| timing mark | dấu thời gian |
| Tin | Thiếc |
| tin alloy | hợp kim thiếc |
| tip | tiền boa / đầu bịt |
| tip speed | tốc độ đỉn |
| tire band | lốp ban nhạc |
| tire bead | Vị trí của một bó dây thép để cố định lốp vào bánh xe |
| tire call | cuộc gọi lốp |
| tire chain | chuỗi lốp |
| tire changer | thiết bị lắp ráp lốp |
| tire gauge | lốp đo |
| tire pressure | áp suất lốp |
| tire pressure gauge | đo áp suất lốp |
| tire runout | lốp runout |

| | |
|---|---|
| tire size | kích thước lốp |
| tire slip ratio | tỷ lệ lốp trượt |
| tire tread | hoa văn lốp xe |
| tire tube | ống lốp |
| tire, tyre | Lốp xe |
| to be upset / in confusion | hoang mang/ lúng túng |
| to become hard | trở nên cứng / trở nên bị cứng |
| to block | chặn/ đóng |
| to blow | Thổi |
| to check | để kiểm tra |
| to cut | cắt |
| to cut a corner | lấy góc |
| to decide | quyết định |
| to dent | lõm/ hằn xuống |
| to drill a hole / make a hole | Để khoan một lỗ / Làm cái lỗ |
| To emphasize | nhấn mạnh |
| to empty | làm trống |
| to engage / mesh | cắn nhau / Lưới thép |
| to fill | Để điền/ làm đầy |
| to heat | làm nóng |
| to knock out | Để hạ gục / Đá ra |
| to leak out | Để rò rỉ |
| to lower | hạ thấp/ hạ xuống |
| to oil | Để dầu |
| to plug | Để cắm/ phích cắm điện |
| to plug in / insert | cắm vào / chèn |
| to position / determine position | đến vị trí / Xác định vị trí |

| | |
|---|---|
| to puncture | Để đâm thủng |
| to repair | Sửa chữa |
| to round | Tròn |
| to rust | Rỉ sét |
| to separate | chia ra/ Để tách biệt |
| to separate | tách biệt ra/ tách rời ra |
| to shape | định hình |
| To sketch | Để phác thảo/ vẽ phác |
| to smooth | Để mịn/ làm mịn |
| to sort out / Line up | Để sắp xếp / Xếp hàng |
| to support | hỗ trợ / ủng hộ |
| to unplug | Rút phích cắm |
| toe | ngón chân |
| Toe board | ván đỡ chân |
| Toe change | Thay đổi ngón chân |
| Toe gauge | Máy đo để điều chỉnh bánh trước hơi vào trong |
| Toe in | Điều chỉnh bánh trước một chút vào trong |
| Toe out | Nhón chân ra |
| Togule switch | Công tắc bật/tắt/ công tắc lật |
| tolerance | sai số cho phép |
| Toll bar | Thanh thu phí/ cái chắn đường để thu thuế |
| Toll gate | Cổng thu phí/ cửa thu thuế |
| Tons | Tấn |
| tool | dụng cụ/ công cụ |
| Tool box | Hộp công cụ |
| Tool kit | Bộ công cụ |
| tooth | răng |

| Top | Hàng đầu |
|---|---|
| Top clearance | Giải phóng mặt bằng |
| Top Dead Center | điểm chết tren |
| Top dead center | Trung tâm chết hàng đầu |
| Top gear | Chia lưới bánh răng ở tốc độ cao nhất |
| Top ring | Vòng piston trên đỉnh piston |
| Torch | Đèn pin |
| torque | mô-men xoắn |
| Torque converter | Bộ chuyển đổi mô-men xoắn / bộ biến mômen |
| Torque tube | Mômen xoắn/ ống xoắn |
| Torque Wrench | Cờ lê lực/ cờ lê đo lực |
| Torsion bar | Thanh xoắn |
| Torsion bar spring | lò xo thanh xoắn |
| torsional moment | lực xoắn |
| Torsional rubber | Cao su xoắn |
| Torsional spring | lò xo xoắn |
| Torx socket wrench | Cờ lê ổ cắm Torx |
| total displacement | lượng khí thải |
| total height | chiều cao tổng thể |
| total volume | tổng thể tích |
| Touch | Chạm |
| touch up | sửa sang/ sơn sửa |
| toughened glass | Kính thủy tinh luyện |
| tourer | người lưu diễn |
| Trace | Dấu vết/ theo dấu |
| Traceability | Truy xuất nguồn gốc/ khả năng tạo vết |
| Traction Control | điều khiển lực kéo |

| | |
|---|---|
| Traffic jam | Giao thông tắc nghẽn |
| Trailer | Giới thiệu tóm tắt/ moóc |
| Trailing shoe | guốc hãm ma sát |
| Training | Đào tạo |
| Transaxle | Dịch chuyển |
| Transfer | Chuyển giao |
| Transfer ratio | Tỷ lệ chuyển nhượng/ tỷ số truyền |
| Transformers | Máy biến áp/ máy biến thế |
| Transistor type regulator | bộ điều chỉnh loại transistor |
| Transmission | truyền đạt/ chuyển giao |
| Transmission | Truyền động cơ |
| Transmission control computer | Máy tính điều khiển truyền dẫn |
| Transmission efficiency | Hiệu suất truyền dẫn |
| Transmitted sound | âm thanh truyền |
| transmitter | bộ phát tín |
| Transmitter | Hệ thống điều khiển/ rađiô máy phát |
| Transparent | Trong suốt |
| Tread | Bước đi |
| Tread | Bánh xe tầm/ khoảng cách giữa bánh xe |
| Tread pattern | Tread mẫu/ loại mặt gai lốp |
| treatment | sự đối xử |
| triangle | Tam giác |
| Triangle | Tam giác |
| triangle filing | giũa tam giác |
| Tri-cycle | xe ba bánh |
| trigger | Kích hoạt/ cò súng |
| Trim | Vật liệu đóng gói/ sự trang trí xe |

| | |
|---|---|
| Trip meter | Đồng hồ đo chuyến đi/ đồng hồ đo quãng đường |
| Triplex glass | Kính Triplex/ kính ba lớp |
| Tripod type CV joint | khớp nối đồng tốc giá ba chân |
| Trochoid curve | Đường cong Trochoid |
| Trochoid pump | Bơm Trochoid |
| Trouble | Rắc rối |
| Trouble shooting | việc xử lý sự cố |
| truck | xe tải |
| Trunk | Thân cây |
| Trunk lid | Thân cây nắp/ nắp khoang |
| truss | giàn |
| Truss frame | Khung giàn |
| truth | sự thật |
| truth | chân tướng |
| try | thử |
| T-shaped wrench | Cờ lê hình chữ T |
| tube | ống |
| tube frame | khung ống |
| tubeless tire | lốp liền săm / lốp không ruột |
| tubular | hình ống |
| tubular frame | khung hình ống |
| tubular radiator | bộ tản nhiệt kiểu ống |
| tumble flow system | Hệ thống xoáy dọc |
| tumbler switch | công tắc lật / công tắc bật |
| Tune-up | Điều chỉnh /hiệu chỉnh máy |
| tungsten filament | dây tóc vonfram |
| tungsten steel | thép vonfram |
| tuning | Điều chỉnh |

| turbin pump | bơm tuần hoàn |
| turbine | tuabin |
| turbine blade | các cánh tuabin |
| turbine housing | vỏ tuabin |
| turbine runner | tuabin runner |
| turbine sensor | cảm biến tuabin |
| turbine shaft | trục tuabin |
| turbine wheel | bánh xe tuabin |
| turbo blow | máy quạt tuabin |
| turbo compressor | máy nén tăng áp |
| turbo drive | turbo ổ đĩa |
| turbo engine | Động cơ tăng áp |
| turbo fan/Centrifugal blower | Máy thổi ly tâm đa cánh |
| turbo lag | Thời gian trễ khi turbo hoạt động |
| turbocharger | bộ phận nén turbo / bộ tăng áp |
| turbulence | nhiễu loạn |
| turbulent | bất ổn/ dòng chảy rối |
| Turn | Xoay |
| turn | đổi hướng |
| turn | Để quay |
| Turn on | Bật |
| turn over | bị lật ngược |
| turn signal | tín hiệu rẽ |
| turn table | bàn xoay |
| turnbuckle | vít tăng đơ |
| turngsten | vonfram |
| Turning around | Quay vòng/ cuộn quanh |
| turning force | lực quay |
| turning radius | quay trong phạm vi/ bán kính quay vòng |

| | |
|---|---|
| turning radius gauge | bộ đo bán kính quay |
| Turnover | vòng quay |
| Twin pole lift | máy nhắc hai trụ cột |
| twin turbo | turbo kép |
| Twist | Xoắn |
| twist pair | cặp xoắn |
| twisted | Xoắn |
| two cycle | hai chu kỳ |
| two cycle engine | động cơ hai thì |
| Two cylinders | Hai xi lanh |
| Two leading shoe type | Đây là một cách tốt để làm việc với cả hai lót phanh. |
| Two piece wheel | bánh xe 2 mảnh |
| Two point type terminal | thiết bị đầu cuối loại hai điểm |
| two stage compressor | máy nén hai giai đoạn / máy nén hai thẳng |
| two stroke engine | động cơ hai thì |
| two tone color | hai tông màu |
| Two-lamp head lamp | Đèn hai đầu |
| two-seater | hai chỗ ngồi |
| Two-stroke engine | Động cơ hai thì |
| type | chủng loại |
| type specified number | số chỉ định kiểu mẫu |
| Ultra-quick type glaw plug | bugi sấy nóng loại cực siêu nhanh |
| ultrasonic flaw detector | bộ dò khuyết tật siêu âm |
| ultrasonic inspection method | phương pháp kiểm tra siêu âm |
| ultrasonic sensor | thiết bị cảm biến sóng siêu âm |
| ultrasonic transmitter | máy phát siêu âm |
| ultrasonic wave | sóng siêu âm |
| Unavoidably | Không thể tránh khỏi |
| underline | gạch dưới |

| | |
|---|---|
| unfortunately | không may/ thật đáng tiếc |
| Unfriendly | Không thân thiện/ lạnh |
| Unification | Hợp nhất |
| uniform | đồng đều |
| unit | đơn vị |
| unit structure | cấu trúc đơn vị |
| universal joint | Phổ doanh / Khớp phổ quát |
| Universal joint | Universal joint/ khớp nối các đăng |
| Unknowingly | Vô tình |
| Unreasonable | vô lý |
| Unreasonable | lộn xộn/ rối bời |
| unreasonable | không hợp lý |
| Unwind | Thư giãn/ tháo ra |
| Up and down | Lên và xuống |
| upper arm | Cánh tay trên |
| Upper part | Phần trên |
| Upset | Buồn bã |
| Urban mine | Mỏ đô thị |
| Use | Sử dụng/ ứng dụng |
| Useful | Hữu ích/ sự tiện lợi |
| useless | vô ích/ vô dụng |
| user | người sử dụng |
| usually | thông thường |
| utilization | Sử dụng |
| Utra Low Emissin Vehicle | xe ô nhiễm siêu thấp |
| vacuum | chân không |
| Vacuum pump | bơm chân không |
| vague | lờ mờ/ không rõ ràng |
| Vaguely | Mơ hồ/ không rõ ràng |

| | |
|---|---|
| value | giá trị |
| Valve clearance | độ hở van |
| Valve mechanism | Cơ chế van |
| Valve refacer | máy mài van |
| Valvetronic | Valvetronic/ van điện tử |
| Vanadium | Vanadi |
| vapor | hơi nước |
| variable | biến số |
| variable valve mechanism | Variable valve thời gian hệ thống |
| varied | đa dạng |
| Various | Đa dạng |
| vehicle | phương tiện/ xe cộ |
| Vehicle distance alarm system | thiết bị báo động khoảng cách giữa các xe |
| Vehicle Identification Number cord | code số khung |
| Vehicle Safety Control System | Thiết bị kiểm soát ổn định xe |
| vehicle total weight | Tổng trọng lượng của xe |
| vehicle weight | Trọng lượng của xe |
| vein | tĩnh mạch |
| velocity energy | năng lượng vận tốc |
| ventilation hole | lỗ thông gió |
| Versatile | Linh hoạt |
| vertex | đỉnh |
| vertical | theo chiều dọc/ thẳng góc |
| vertical | Dọc / Theo chiều dọc |
| Very | rất |
| very / much / quite | nhiều/ khá |
| Very small amount | Số lượng rất nhỏ |
| vibration | rung động |
| vibration and noise analyzer | Độ rung và tiếng ồn Analyzer |

| | |
|---|---|
| vibration forcing | lực rung cưỡng buộc |
| vibration suppression material | vật liệu giảm rung |
| vibrometer | máy đo độ rung |
| Violate | Xâm phạm |
| viscosity | độ nhớt |
| Viscous coupling | Khớp nối nhớt |
| vise pliers | kìm vise |
| Vocational college | Trường Cao đẳng nghề/ trường chuy ên |
| Voltage | Vôn |
| Voltage control method | Phương pháp điều khiển điện áp |
| Voltage correction | Hiệu chỉnh điện áp |
| Voltage drop | Điện áp thả |
| Voltage meter | Đồng hồ đo điện áp/ vôn-mét |
| volume | âm lượng/ thể tích |
| volume efficiency | hiệu suất thể tích |
| Wankel engine | Động cơ Wankel |
| warm-up control | kiểm soát khởi động |
| Warp | Làm cong/ uốn cong |
| washer fluid | nước rửa |
| Washing | Rửa |
| Waste alkali | Chất thải kiềm |
| Waste liquid | Chất lỏng thải |
| Waste tire | lốp xe bị bỏ rơi |
| Water drop | Giọt nước |
| Water level | Mức nước |
| Water pressure | Áp lực nước |
| water pump | Máy bơm nước |
| Water surface | Mặt nước |
| water vapor | hơi nước |

| | |
|---|---|
| wave | làn sóng |
| wax | sáp |
| weak | Yếu |
| Weakness | Yếu đuối/ điểm yếu |
| wear down | Làm mòn / Mang ra |
| weight | cân nặng |
| What | cái gì cơ |
| What is it | hoặc một cái gì đó khác |
| Wheel | Bánh xe |
| Where until | Ở đâu cho đến khi |
| whetstone | đá mài |
| why | tại sao |
| Wide | Rộng |
| width | chiều rộng/ bề rộng |
| wind glass | Cửa sổ thủy tinh |
| wind regulator | Cửa điều chỉnh gió |
| windou washer tank | bình nước rửa kính |
| wipe | lau/ chùi |
| wipe away | Lau đi |
| wiper motor | Động cơ gạt nước kính chắn gió |
| wire | dây kim loại |
| wireless | không dây |
| with in thud | ngẫu nhiên gặp |
| With that | Với |
| Withdraw | rút/ lây ra |
| Without permission | Không có sự cho phép |
| Work | Công việc |
| workplace | nơi làm việc |
| worn out | hư hỏng/ bị mòn |

| | |
|---|---|
| worry | lo/ lo lắng |
| worse / deteriorated | Tệ hơn / xuống cấp |
| worth it | có giá trị |
| Wrap | Bọc lại |
| Wrinkles | Nếp nhăn |
| xenon head lamp | Đèn pha Xenon |
| Yet | và được nêu ra |
| you have to / without fail | nhất định / bạn phải |
| zener diode | đi-ốt zener |
| zero camber | không camber |
| zero caster | không caster |
| zero rush | Không bị sốc |
| zero rush tappet | Người theo dõi không có khoảng cách |
| Zinc | Kẽm □ |

| Vietnamese | English |
|---|---|
| "năm miếng" của Heinrich | five pieces of Heinrich's law |
| ~ bên/ phía | ~ side |
| 7 tốc độ hướng dẫn sử dụng chế độ kiểm soát | Seven speed manual mode control |
| amiăng | asbestos |
| ampe kế | Ammeter |
| an toàn là trên hết | safety first |
| AT loại điều khiển bằng điện | Electronic control type AT |
| Autobahn/xa lộ | autobahn |
| axit nitric | nitric acid |
| À chính nó đấy/ quả vậy | So that's it |
| Ắc quy ô tô Hybгid | HV battery |
| Ánh sáng nhỏ | Small light |
| Áp dụng áp lực | apply pressure |
| áp lực bên | lateral pressure |
| áp lực giao hàng | delivery pressure |
| Áp lực nước | Water pressure |
| Áp suất âm | Negative pressure |
| Áp suất đo từ vị trí chân không | absolute pressure |
| áp suất không khí | atmospheric pressure |
| áp suất lốp | tire pressure |
| Áp suất thấp | Low pressure |
| ảnh hưởng tiêu cực | negative influence |
| ắc quy | battery |
| Ắc quy | Lead acid battery |
| Ăn mòn | corrosion |
| Ăng ten rút | Telescopic antenna |
| Ăng-ten | antenna |
| âm ấm/ nguội | Lukewarm |

| | |
|---|---|
| âm lượng | volume |
| âm lượng/ thể tích | volume |
| âm thanh Roaring/ Tiếng gầm | roar sound |
| âm thanh truyền | Transmitted sound |
| ẩm thấp/ hơi ẩm | moisture |
| Ẩn dụ | Metaphor |
| ba cách | three way |
| Ba hành động của dòng điện | Three actions of electric current |
| ba pha | three phase |
| Bạch kim | Platinum |
| Bài giảng/ thuyết giáo | Sermon |
| Bãi bỏ/ hủy bỏ | Abolition |
| Bãi đậu xe | Parking Lot |
| Ban chỉ đạo giảm xóc | steering damper |
| ban đầu | initial |
| Ban đầu/ khởi đầu | Originally |
| ban đầu/ nguyên là | originally |
| bàn | table |
| Bàn chải | Brush |
| bàn chải chéo | diagonal brush |
| Bàn chải sợi carbon | carbon brush |
| Bàn chải tiếp tuyến | tangential brush |
| bàn đạp ga | accel pedal |
| Bàn thử | Test bench |
| bàn xoay | turn table |
| bán đấu giá | auction |
| bán kính | radius |
| bán kính quay | turning radius |
| bán tự động | semi automatic |

| | |
|---|---|
| Bản chất/ thực chất | Essence |
| Bản lề/ khớp nối | hinge |
| Bản vẽ thiết kế | design drawing |
| bảng chỉ rõ | Specification |
| bảng dấu gạch ngang | dash panel |
| Bảng điều khiển | instrument panel |
| bảng gạch ngang/bảng điều khiển | dash board |
| bảng hiệu đăng ký | Registration mark |
| Bánh | sprocket |
| bánh cóc | ratchet |
| bánh đà | flywheel |
| bánh răng bên ngoài | external tooth gear |
| Bánh răng cưa nhỏ vi sai | Differential pinion |
| bánh răng điều phối | timing gear |
| bánh răng hành tinh | Planetary gear |
| bánh răng hình đĩa/ đĩa mài | Disc wheel |
| Bánh răng không phải là bên truyền c ông suất động cơ | driven |
| Bánh răng mặt trời | sun gear |
| bánh răng ngành/ bánh răng sector | sector gear |
| Bánh răng nhỏ | pinion gear |
| bánh răng thứ hai | second gear |
| bánh răng vi sai | Diff. = Differential gear |
| bánh trước | front wheels |
| Bánh trước lái | front wheel drive |
| Bánh xe | Wheel |
| bánh xe 2 mảnh | Two piece wheel |
| bánh xe phaỉ động | driving wheel |
| Bánh xe tầm/ khoảng cách giữa bánh xe | Tread |
| bánh xe tuabin | turbine wheel |

| | |
|---|---|
| bánh ze nan hoa | spoke wheel |
| bao gồm | include |
| Bao quanh/ chung quanh | Surrounding |
| Bao thanh truyền | Rocker cover |
| Báo động chống trộm | Anti-theft alarm |
| bảo hiểm thiệt hại | damage insurance |
| bảo trì | maintenance |
| bảo vệ | protect |
| Bảo vệ/ bảo hộ | protection |
| Bão hòa | Saturation |
| bay hơi/ bốc hơi | evaporation |
| băng dính | tape |
| băng ghế dự bị máy khoan/ máy khoan để bàn | bench drilling machine |
| bằng cách nào đó/ bằng cách này cách khác | somehow |
| Bằng cấp / Mỗi lần | degree / Every time |
| Bằng không khí nén | by compressed air |
| bằng phẳng | flat |
| bằng thủy lực | hydraulic |
| Bận | Busy |
| Bẩn | dirty |
| Bẩn dầu | dirty with oil |
| bất cứ thứ gì | anything |
| bắt đầu | beginning |
| bất hợp pháp | illegal |
| Bất lợi | disadvantage |
| bất ổn/ dòng chảy rối | turbulent |
| Bật | Turn on |
| bẻ cong/ uốn cong | bend |
| bề mặt | surface |

| | |
|---|---|
| bệ quay/ khung quay | dolly |
| Bể nước lưu trữ | Reserver tank |
| bên | side |
| bên cạnh | beside |
| bên ngoài | external |
| Bên ngoài / ở ngoài | outside |
| Bệnh mãn tính | Chronic illness |
| bị bẩn | dirty |
| Bị biến dạng | distorted |
| Bị chặn/ bị kẹt | Blocked |
| bị cháy/ cháy | burn |
| Bị nạ xuống | declined |
| Bị hỏng / Sụp đổ | broken / collapsed |
| bị lật ngược | turn over |
| Bị nhầm lẫn | Be confused |
| Bị tắc | clogged |
| Bị trì hoãn/ ứ | Be delayed |
| biến dạng đàn hồi | elastic deformation |
| biến dạng dẻo | plastic deformation |
| biến số | variable |
| biện pháp/ đối sách | Measures |
| Biển số xe | License plate |
| Biến tần | inverter |
| biết | know |
| biết rôi | know |
| biểu đồ | diagram |
| biểu đồ hiệu suất lái xe | driving performance diagram |
| biểu thời gian | time table |
| bình cứu hỏa | fire extinguisher |

| | |
|---|---|
| bình nước rửa kính | windou washer tank |
| bình thùng nhiên liệu | Fuel tank |
| bình thường | normal |
| Bình xăng | petrol tank |
| bít/ sự cản | choking |
| Bo | Boron |
| Bó lại | Bundling |
| Bọc lại | Wrap |
| Bỏ mặc/ bỏ bê | Neglect |
| Bỏ sót | Omit |
| bỏ qua | overlook |
| Bỏ/ vứt bỏ | Discard |
| Bóc vỏ/ tróc vỏ | peel off |
| bóng bán dẫn loại giao lộ | junction transistor |
| bóng đèn | light bulb |
| bóng đèn tiếp xúc đơn | Single contact bulb |
| boong/ bông tàu | deck |
| bọt biển | sponge |
| bộ | set |
| bộ biến mômen | Torque converter |
| Bộ cảm biến phát hiện va chạm | crash detection sensor |
| Bộ chế hòa khí | carburetor |
| bộ chỉnh lưu selen | selenium rectifier |
| Bộ chuyển đổi mô-men xoắn / bộ biến mômen | Torque converter |
| bộ chuyển đổi xúc tác ô tô | automotive catalytic convertor |
| bộ chuyển mạch từ | Magnet switch |
| Bộ công cụ | Tool kit |
| Bộ đất đai, cơ sở hạ tầng và giao thông vận tải | Ministry of Land, Infrastructure, Transport and Tourism |
| Bộ đếm thời gian đơn vị kiểm soát | timer control unit |

| | |
|---|---|
| bộ điều chỉnh | regulator |
| bộ điều chỉnh bằng khí nén | Pneumatic governor |
| bộ điều chỉnh CNG | CNG regulator |
| bộ điều chỉnh loại transistor | Transistor type regulator |
| bộ điều chỉnh slack | slack adjuster |
| bộ điều khiển áp suất đường ray chung | common-rail pressure control |
| bộ điều tốc | governor |
| bộ định vị ga | throttle positioner |
| bộ đo bán kính quay | turning radius gauge |
| bộ dò khuyết tật siêu âm | ultrasonic flaw detector |
| bộ ghép | coupler |
| Bộ ghép ngắn mạch tự động | inertia rock type coupler |
| bộ giảm âm | Muffler |
| bộ giảm xóc | shock absorber |
| bộ hãm phụ kép | Duo servo brake |
| bộ kéo căng | Tensioner |
| bộ kẹp phanh | Brake caliper |
| bộ khuếch đại | amplifier |
| bộ kiểm tra phát hiện tiếng ồn | Noise detection tester |
| bộ làm mát liên | inter cooler |
| bộ làm xì hơi | Deflator |
| Bộ lọc để loại bỏ vết bẩn nhiên liệu | Fuel element |
| bộ lọc hạt động cơ diesel | Diesel Particulate Filter |
| Bộ lọc than hoạt tính | Charcoal canister |
| Bộ ly hợp loại điện từ | Magnet clutch |
| bộ ly kết nhiều đĩa | multiple disc clutch |
| bộ máy | apparatus |
| bộ nạp | Charger |
| bộ ngắt điện(động cơ) | contact braker |

| | |
|---|---|
| Bộ nhớ / ký ức | memory |
| Bộ phận bên ngoài/ bộ phận hậu mãi | aftermarket parts |
| bộ phân chia | Distributor |
| bộ phận điều chỉnh | adjuster |
| bộ phận dự phòng | Spare parts |
| Bộ phận hàng không | aero parts |
| bộ phần hệ thống truyền động | Drive train parts |
| bộ phận nén turbo / bộ tăng áp | turbocharger |
| bộ phận ngoại thất | outer parts |
| bộ phân phối | Distributor |
| bộ phận tái chế | recycle parts |
| Bộ phận xử lý trung tâm | Central Processing Unit |
| bộ phát tín | transmitter |
| bộ phun đường ray chung | Injector for common-rail |
| bộ pin khô | Dry battery |
| Bộ sạc | Charger |
| Bộ siêu tăng áp | supercharger |
| Bộ siêu tăng áp ly tâm | centrifugal supercharger |
| Bổ sung / thêm vào | addition |
| Bộ tản nhiệt | Radiator |
| bộ tản nhiệt kiểu ống | tubular radiator |
| bộ trợ lực phanh | Brake booster |
| bộ truyền biến đổi liên tục | Continuous transmission |
| bộ truyền động mạch đầu ra | output circuit drive actuator |
| bộ truyền động phanh | break actuator |
| bôi nhọ/ vết ố/ rỉ ra | Smear |
| Bôi trơn khô | Dry sump lubrication |
| bội thu trước | Front bumper |
| Bột | powder |

| | |
|---|---|
| Bởi bất kỳ cơ hội | By any chance |
| bởi thế | as a result / furthermore |
| bơm cấp | supply pump |
| bơm chân không | Vacuum pump |
| bơm động cơ | centrifugal pump |
| bơm hơi kép | dual inflator |
| bơm màng | diaphragm pump |
| bơm nhiên liệu | Fuel pump |
| Bơm nhiên liệu điện | Electric fuel pump |
| bơm nhiệt/ bơm hơi nóng | Heat pump |
| Bơm phun nhiên liệu loại điều khiển đ iện tử | Electronically controlled fuel injection pump |
| bơm trợ lực lái | Power steering pump |
| Bơm Trochoid | Trochoid pump |
| bơm tuần hoàn | turbin pump |
| Búa cao su | rubber hammer |
| Búa nhựa | plastic hammer |
| Búa thử | Test hammer |
| búa trượt | sliding hammer |
| búa trượt | slide hammer |
| bugi / Đánh lửa Hung | Spark plug |
| bugi sấy nóng loại cực siêu nhanh | Ultra-quick type glaw plug |
| Bụi / Bụi bặm | dust |
| bụi băm | shredder dust |
| bụi bặm | dust |
| bùn | sludge |
| Bùn/ lầy bùn | Muddy |
| buộc | Tie |
| Buồn bã | Upset |
| buồng | chamber |

| | |
|---|---|
| buồng đốt đa hình cầu | multi-spherical type combustion chamber |
| Buồng đốt loại nhiều van | multi-valve type combusion cahmber |
| buồng xoáy | swirl chamber |
| Bức vẽ/ lớp phủ ngoài | Painting |
| Bước đi | Tread |
| Cả ngày | All day |
| các bộ phận | parts |
| Các bộ phận hỗ trợ | retainer |
| Các bộ phận kéo căng xích để phù hợp với thời gian của động cơ | timing chain tensioner |
| các bộ phận tái chế | Recycle parts |
| các cánh tuabin | turbine blade |
| Các định luật hai của nhiệt động lực hoc | Second Thermodynamic Law |
| Các hợp chất phân tử cao | high polymer compound |
| Các thay đổi ở một khối lượng cố định (không gian) | Isometric change |
| cạc-bon đi-ô-xít | Carbon Dioxide |
| Cách âm | Soundproof |
| Cách nhiệt / Bị cô lập | insulated |
| cách sử dụng | how to use |
| cách thức/ cách làm | manner |
| cài đặt | setting |
| Cài đặt/ thành lập | Installation |
| cái gì cơ | What |
| Cái gọi là | So-called |
| cái kìm | pliers |
| cái mở ống bằng xích / chìa vặn ống xích | chain pipe wrench |
| cái thước | ruler |
| Cái vặn vít | screwdriver |
| Cải tiến | Improved |
| Calipers/ thước kẹp | calipers |

| | |
|---|---|
| Càng nhiều càng tốt | As much as possible |
| Cánh tay Knuckle | Knuckle arm |
| Cánh tay trên | upper arm |
| cam bên | side cam |
| cam diễn xuất trực tiếp | direct acting cam |
| Cam tiếp tuyến | tangential cam |
| cảm biến | sensor |
| cảm biến an toàn | safing sensor |
| Cảm biến áp suất nổ | Explosion pressure sensor |
| Cảm biến bức xạ mặt trời | Solar radiation sensor |
| cảm biến gia tốc | acceleration sensor |
| cảm biến góc độ tay lái | steering angle sensor |
| Cảm biến không khí bên trong | Inner air sensor |
| cảm biến kích nổ | Knock sensor |
| cảm biến lái | steering sensor |
| cảm biến loại tiếp xúc | contact type sensor |
| Cảm biến mô men EPS | EPS Torque Sensor |
| Cảm biến nhiệt độ | Temperature sensor |
| cảm biến nhiệt độ nổ | Explosion temperature sensor |
| cảm biến oxy | O2 sensor |
| cảm biến tín hiệu logic | logic signal sensor |
| cảm biến tín hiệu tần số | frequency signal sensor |
| Cảm biến tín hiệu tuyến tính | linear signal sensor |
| Cảm biến tốc độ EPS | EPS Speed Sensor |
| cảm biến tuabin | turbine sensor |
| Cảm biến va chạm mặt bên | side impact sensor |
| cảm biến vệ tinh | satellite sensor |
| cảm biến vị trí bàn đạp ga | accel pedal position sensor |
| Cảm biến vị trí van tiết lưu | throttle position sensor |

| | |
|---|---|
| Cảm ơn | Thanks |
| Cảm thấy/ xúc giác | Feel |
| Cảm ứng điện từ | Electromagnetic induction |
| Cảm ứng tĩnh điện | electrostatic induction |
| cảm ứng tương hỗ | mutual inductance |
| cảm ứng tương hỗ | mutual induction |
| Camber âm | Negative camber |
| camera quan sát phía sau | rear view inspection camera |
| Cao đẳng ô tô Nhật Bản | Nihon Automobile College |
| Cao su tự nhiên | Natural rubber |
| Cao su xoắn | Torsional rubber |
| Cạo bỏ | shave off |
| Cáp xoắn ốc | spiral cable |
| carbon | carbon |
| Carbon dioxide / khí axid cacbonic | carbonic acid gas |
| Carburizing thép | cement steel |
| Caster tiêu cực | Negative Caster |
| cắm phát sáng gốm | ceramic glow plug |
| cắm vào / chèn | to plug in / insert |
| căn chỉnh | alignment |
| Căn chỉnh/ đồng đều | Align |
| cắn nhau / Lưới thép | to engage / mesh |
| Căng thẳng bên trong/ biến dạng trong | Internal strain |
| Căng thẳng/ bị méo/ bị cong | strained |
| Cặp đôi phụ | Secondary couple |
| cặp xoắn | twist pair |
| cắt | to cut |
| Cắt | Cutting |
| cắt | shear |

| | |
|---|---|
| cắt | cut off |
| cắt ra | cut out |
| Cắt thành 3D và mở rộng mỗi bên để tạo chế độ xem phẳng | Development view |
| Cấm vào | No entry |
| Cân bằng động bánh xe | dynamic wheel demonstrator |
| cân nặng | weight |
| Cân nhắc | measure |
| cần thiết | necessary |
| Cẩn thận | Careful |
| cấp độ | level |
| Câu hỏi | Question |
| Câu trả lời | Answer |
| Cấu hình | Configuration |
| cấu trúc đơn vị | unit structure |
| cầu thả/ lỏng chỏng | careless |
| cây búa | hammer |
| Cây kéo | Scissors |
| cây kim | needle |
| Cây viết nguệch ngoạc | scribble stick |
| Centimet | Centimeter |
| Cetan | Cetane |
| CFC cụ thể | Specific CFC |
| chà nhám đĩa | Disk sander |
| chải lông | Grooming |
| Chạm | Touch |
| Chạm tới/ đạt tới | Reach |
| chảo dầu | oil pan |
| cháy | fire |
| cháy, bị đốt cháy | burn |

| | |
|---|---|
| Chảy | flowing |
| chảy ra/ tan ra | melt |
| chạy | Running |
| chạy kháng | running resistance |
| Chạy vào | Running-in |
| Chắc chắn | Definitely |
| Chắc chắn rồi | Absolutely |
| Chắn bùn | Fender |
| chắn bùn bên trong | inner fender |
| Chắn bùn trước | Front fender |
| Chắn bùn/ tấm chắn bùn | Mudguard |
| chặn/ đóng | to block |
| chặt chẽ / Khó khăn | tight |
| chầm chậm | Lazy |
| chậm lại/ diễn tiến chậm | slow down |
| chậm rãi | Sly |
| chân | shank |
| Chân dung | Portrayal |
| chân không | vacuum |
| chân tướng | truth |
| chẩn đoán | diagnosis |
| chất bán dẫn | semiconductor |
| Chất cách điện | insulator |
| Chất chống đông | Anti-freezing liquid |
| Chất điện phân | Electrolyte |
| chất gây ô nhiễm không khí | air pollutant |
| Chất gây ung thư | Carcinogenicity |
| chất lỏng CVT | CVT fluid |
| Chất lỏng thải | Waste liquid |

| | |
|---|---|
| Chất lượng | character / nature |
| chất lượng | quality |
| Chất lượng tốt | high quality |
| chất tẩy rửa | detergent |
| Chất thải kiềm | Waste alkali |
| chất xơ | fiber |
| Chất xúc tác ba chiều | three way catalyst |
| Che/ đậy | cover |
| Chế biến đặc biệt | Special processing |
| Chế biến/ xử lý | processing |
| chế độ lái | driving mode |
| Chế độ tốc độ thấp | Low speed mode |
| chế độ/ hệ thống | system |
| Chế tạo | Manufacturing |
| chéo | diagonal |
| chéo rãnh loại CV doanh | cross groove type CV joint |
| Chì | Lead |
| Chỉ | show |
| chỉ có | only |
| chỉ có/đến cuối cùng | Thoroughly |
| Chỉ đạo trung lập | Neutral steer |
| Chỉ định | Designation |
| Chỉ huy/ chỉ thị | Command |
| chỉ là | mere |
| Chỉ ra | Pointed out |
| chỉ số quay số | dial indicator |
| Chi tiết | The details |
| Chỉ trỏ | Pointing |
| Chia lưới bánh răng ở tốc độ cao nhất | Top gear |

| | |
|---|---|
| chia ra/ Để tách biệt | to separate |
| Chia sẻ xe | car sharing |
| Chiếm | Occupy |
| Chiếm hữu/ sở hữu | Possession |
| chiến lược | strategy |
| chiết áp tiết lưu | throttle potentiometer |
| chiều cao / độ cao | height |
| chiều cao mặt đất | ground height |
| chiều cao tổng thể | total height |
| chiều dài | length |
| chiều dài đầy đủ | full length |
| chiều kim đồng hồ / theo chiều kim đồng hồ | clockwise |
| Chiều rộng đầy đủ | overall width |
| chiều rộng/ bề rộng | width |
| chiều sâu | depth |
| Chính chuyển tiếp | system main relay |
| Chính/ chuyên môn | Major |
| chính xác | correct |
| Chính xác | accurate |
| Chính xác | precision |
| chính xác | exactly |
| Chính xác | Accurate |
| Chỉnh lưu toàn sóng | full-wave rectification |
| chỉnh lý | arrangement |
| Chịu đựng | Endure |
| cho đi qua | Pass through |
| cho vay | lending |
| cho vay | lend |
| chọn đòn bẩy | select lever |

| | |
|---|---|
| chopper | chopper |
| chopper động cơ điện | chopper motor |
| chồng lên | pile up |
| chốc lát | moment |
| chống ăn mòn | corrosion resistance |
| chốt cài cửa | Door catch |
| chỗ/ nơi | room |
| chỗ bị mẻ / Rỗng | indentation / hollow |
| chơi | play |
| Chớp cánh/ vỗ cánh | flutter |
| Chu kỳ áp suất thấp | Low pressure cycle |
| Chu kỳ của thể tích không đổi (không gian) | Isometric cycle |
| Chu kỳ isobaric | Isobaric cycle |
| Chu trình diesel | Diesel cycle |
| Chủ đề | thread |
| Chủ quan | Subjectivity |
| Chủ yếu | Main |
| chuck xử lý | chuck handle |
| Chung/ tổng quát | General |
| chủng loại | type |
| chuỗi | chain |
| chuỗi căng thẳng / thiết bị keo căng xích | chain tensioner |
| chuỗi khối / hệ ròng rọc | chain block |
| chuỗi lốp | tire chain |
| Chuỗi phù hợp với thời gian của động cơ | timing chain |
| chuyên dùng/ độc quyền sử dụng | designated |
| Chuyên môn | Specialty |
| Chuyền nhau | Passing each other |
| chuyến đi khứ hồi | round trip |

| | |
|---|---|
| chuyển | transfer |
| Chuyển đổi | Conversion |
| Chuyển đổi (hệ thống lái) | converter |
| chuyển đổi ổ đĩa thiết bị truyền động | switch drive actuator |
| chuyển động/ động tác | motion |
| Chuyển giao | Transfer |
| chưa hoàn thiện | incomplete |
| chưa hoàn thiện/ chưa đầy đủ | incomplete |
| chưa kể/ huống chi | not to mention |
| chữa khỏi | cure |
| chức năng | function |
| chưng cất | distillation |
| Chứng chỉ | Certificate |
| chứng cớ | evidence |
| Chứng minh | Prove |
| clorua polyvinyl | Polyvinyl chloride |
| Co lại | Shrink |
| Có chủ đích | Purposely |
| Có độc | Poisonous |
| có giá trị | worth it |
| có hạt mịn | fine-grained |
| có hiệu quả | Effectiveness |
| Có khả năng/ có thể | Possibly |
| Có lẽ | Probably |
| có nghĩa/ phương pháp | means |
| Có thật không/ thực | Really |
| Có thể tách ra | Can be detached |
| Có thể tháo rời | Detachable |
| có tính tiêu cực | Negative |

| | |
|---|---|
| Có trật tự/ trong thứ tự tốt | Orderly |
| Có ý định | Intend to |
| Có ý nghĩa | Meaningful |
| code số khung | Vehicle Identification Number cord |
| Coi chừng/ dụng tâm | Beware |
| compa đo phanh đĩa | Disc brake caliper |
| con lăn căng/ puli căng | Tension pulley |
| con lăn tappet | tappet roller |
| Con số | Number |
| cố định/ giữ nguyên | fix |
| Cố định bằng ốc vít | secure with screws |
| cổ góp | commutator |
| Cổ phiếu chết/ hàng ế | Dead stock |
| côn | taper |
| công bằng | equal |
| công cụ kim cương / dao tiện kim cương | diamond tool |
| Công nhận | Be aware |
| Công tắc an toàn trung tính | Neutral safety switch |
| Công tắc bật/tắt/ công tắc lật | Togule switch |
| Công tắc cửa | Door switch |
| công tắc điện | switch |
| công tắc điện từ | solenoid switch |
| Công tắc hẹn giờ | Delay switch |
| công tắc Inhibider | inhibitor switch |
| công tắc lật / công tăc bật | tumbler switch |
| Công tắc trung tính | Neutral switch |
| công tắc trượt | slide switch |
| Công tắc van tiết lưu | throttle switch |
| Công thức SAE | Fomular SAE |

| | |
|---|---|
| công tơ mét | speedometer |
| Công việc | Work |
| Công việc văn phòng | Office work |
| cồng kềnh | bulk |
| cống/ mương | drain |
| Cộng hưởng | resonance |
| Cộng hưởng/ đồng cảm | resonance |
| Cổng thu phí/ cửa thu thuế | Toll gate |
| cốt lõi | core |
| cơ chế choke | choke mechanism |
| cơ chế khóa vi sai trung tâm | center differential lock mechanism |
| Cơ chế phân chia quyền lực | Drive division mechanism |
| Cơ chế tạo tín hiệu đánh lửa | Ignition signal generation mechanism |
| Cơ chế van | Valve mechanism |
| Cơ quan bảo vệ môi trường Hoa Kỳ | Environmental Protection Agency |
| Cơ thể / Thân hình | body |
| cơ thể trung tâm mạng tinh thể | body-centered cubic lattice |
| cờ kiểm tra | checker flag |
| cờ lê | spanner |
| cờ lê đầu ống 12 giác | 12 square socket wrench |
| Cờ lê hình chữ T | T-shaped wrench |
| Cờ lê kết hợp | combination spanner |
| Cờ lê kết hợp/ chìa vặn hai đầu | conbination wrench |
| Cờ lê lực/ cờ lê đo lực | Torque Wrench |
| Cờ lê ống | pipe wrench |
| Cờ lê ổ cắm | socket spanner |
| Cờ lê ổ cắm | socket wrench |
| Cờ lê ổ cắm Torx | Torx socket wrench |
| cờ lê tác động | impact wrench |

| | |
|---|---|
| cờ lê tappet | tappet spanner |
| cờ lê tappet | tappet wrench |
| crank ròng rọc | crank pulley |
| cú đấm chính diện | center punch |
| Của đó/ trong thời gian đó | Of that |
| cục/ miếng | lump |
| Cung cấp | supply |
| cũng thế | also |
| Cuộc đua kéo/ cuộc đua xe hơi | Drag race |
| cuộc gọi lốp | tire call |
| Cuối cùng | At the end |
| Cuối cùng | Finally |
| Cuối cùng | Eventually |
| cuối cùng | at last |
| Cuộn dây cố định | stator |
| Cuộn dây đánh lửa | ignition coil |
| cuộn dây điện từ | solenoid coil |
| Cuộn dây điện từ để giữ tình trạng | Holding coil |
| Cuộn dây kéo vào | Pull inn coil |
| cuộn dây nối tiếp | series coil |
| cuộn dây phát hiện lỗ hổng | flaw detection coil |
| cuộn dây tạo trường/ cuộn kích từ | Field coil |
| Cuộn dây thứ cấp | Secondary coil |
| Cuộn thứ cấp | Secondary winding |
| Cụp/ chảy nhỏ giọt/ võng xuống | Hang down |
| Cưa | saw |
| cưa cắt kim loại/Cưa vàng | hacksaw |
| Cửa | Door |
| Cửa điều chỉnh gió | wind regulator |

| | |
|---|---|
| Cửa hàng lớn bán lẻ | Dealer |
| cửa quét khí xả | scavenging port |
| Cửa sổ thủy tinh | wind glass |
| cửa tiệm/ cửa hiệu | shop |
| Cửa trang trí/ Tấm ốp cửa | Door trim |
| cực âm | negative pole |
| Cứng | hardened |
| cứng | hard |
| Cứng | harden |
| Cứu giúp | help |
| D Jetronic | D Jetronic |
| D13 chế độ | D13 mode |
| Dài và ngắn | Long and short |
| Dải phân cách | Distributor |
| Dám | dare to |
| Dạng sóng điện áp tín hiệu đánh lửa | Ignition signal voltage waveform |
| dạng tín hiệu | signal form |
| dao tiện kim cương | damond dresser |
| dát vào | Inset |
| Dẻo dai/ mềm dẻo | Supple |
| Dầm cửa/ thanh cản phía cửa | Door beam |
| dần dần | gradually |
| dần dần/ đều đều | steadily |
| dẫn đến/ hiểu rõ | Communicate |
| dập tắt | quenched |
| dầu | oil |
| dầu bánh răng | gear oil |
| Dầu diesel sinh học | Boidiesel |
| Dầu động cơ | engine oil |

| | |
|---|---|
| dầu dumping | dumping oil |
| dầu hỏa | kerosene |
| Dầu phanh | Brake fluid |
| dầu tăng | oil rising |
| Dầu thủy lực | spindle oil |
| dấu | mark |
| dấu aI | aI mark |
| dấu ngoặc | brackets |
| Dấu thập phân | decimal point |
| dấu thời gian | timing mark |
| Dấu vết/ theo dấu | Trace |
| dày | thick |
| dây an toàn | seatbelt |
| dây an toàn | safety belt |
| dây crom niken | Nicrome wire |
| dây đai an toàn với pretensioners | preloaded |
| Dây đai thép | steel belt |
| dây đát | earth cord |
| Dây điện | Electrical wire |
| dây kim loại | wire |
| dây mát | earth cable |
| Dây nối/ dây kéo dài | extension cord |
| dây tóc vonfram | tungsten filament |
| Dễ bị mất | easy to lose |
| dễ cầm | Handy |
| Dễ dàng | Easy |
| Dễ dàng để phá vỡ / Mong manh | easy to break / fragile |
| di chuyển | move |
| Dịch chuyển | Transaxle |

| | |
|---|---|
| Dịch vụ mạng neo (Công ty tái chế máy tính cá nhân lớn nhất) | Anchor network service |
| Dính | Sticky |
| dính khí đốt tự nhiên xe | adhesive natural gas vehicle |
| Dịu dàng/ nhẹ nhàng | Gently |
| Do dự | Hesitate |
| Do dự | Indecision |
| dò rỉ dầu | oil falling |
| Dọc | vertical |
| Dọc / Theo chiều dọc | vertical |
| dọc đường | On the way |
| Dọn dẹp/ dọn gàng | tidy up |
| Dọn dẹp/ sạch sẽ | Clean |
| Dọn sạch | clear up |
| Dòng/ đường/hàng | line |
| Dòng điện | Electric current |
| dòng điện một chiều | direct current |
| Dồi dào | Abundant |
| Dốc | Slope |
| dù sao | anyway |
| dung động | impulse |
| dung môi | solvent |
| dụng cụ | tool |
| dụng cụ trượt | sliding gear |
| dụng cụ/ công cụ | tool |
| Duy nhất/ hầu hết | Exclusively |
| Dư thừa/ vượt quá | Excess |
| dự trữ/ dự bị | Reserve |
| Dựa trên/ dựa vào | Based on |
| Dưới cùng/ cạnh đáy | Bottom |

| | |
|---|---|
| đa dạng | varied |
| Đa dạng | Various |
| Đa tạp | intake maniforld |
| đá khô/ cacbon đioxyt đậm đặc | dry ice |
| đá mài | whetstone |
| đã qua/ trải qua | Pass |
| Đã sẵn sàng/ đã rồi | Already |
| đai an toàn | safety belt |
| Đại khái | Roughly |
| đại lý bơm phồng | Inflator |
| Đại tu | overhaul |
| đang sạc | charging |
| Đáng chú ý/ đáng kể | Remarkable |
| đáng kể | quite |
| Đáng kể | Considerable |
| đáng kể/ rõ ràng | remarkably |
| đáng tin cậy | reliable |
| đánh | strike |
| đánh bóng | polish |
| Đánh giá | Evaluation |
| đánh lửa | igniter |
| đánh lửa | ignition |
| đánh lửa đôi | double Ignition |
| đánh lửa trực tiếp | Direct ignition |
| đánh nhẹ | lightly tap |
| Đào tạo | Training |
| đào tạo/ nuôi dạy | Cultivate |
| đào bánh trước/ rung lắc | shimmy |
| đạt được/nhận được | obtain |

| | |
|---|---|
| Đau đớn | Painfully |
| đầu ra | output |
| đầu ra lớn nhất/ đầu ra tối đa | maximum power |
| đáy | bottom |
| Đặc biệt | special |
| Đặc biệt | Especially |
| Đặc biệt/ với rất nhiều cố gắng | Specially |
| đặc điểm | Feature |
| Đặc điểm ngày | Day characteristics |
| Đặc tính | Characteristic |
| Đặc trưng/ đặc điểm | Features |
| đặt | put |
| Đặt / bộ | set |
| đặt hàng/ tuần tự | order |
| đặt tên/ gọi tên | Name |
| Đặt vào đó | Put in there |
| đâm vào | bump into |
| Đất | Ground |
| đầu/ tiên phong | lead |
| đầu ghi ổ đĩa | Drive recorder |
| đầu nhỏ | small end |
| Đầu tiên | First |
| đầu vào | input |
| đầu xi-lanh | cylinder head |
| Đây là một cách tốt để làm việc với cả hai lót phanh. | Two leading shoe type |
| Đây và đó | Here and there |
| Đẩy | push |
| đẩy | thrust |
| Decibel | Decibel |

| | |
|---|---|
| đèn báo hiệu nạp điện | charge warning lamp |
| đèn báo trượt | slip indicator lamp |
| đèn cảnh báo sạc | charging warning light |
| Đèn để điều chỉnh thời điểm đánh lửa động cơ | timing light |
| Đèn định vị | clearance lamp |
| đèn đỗ xe | parking light |
| Đèn đuôi | Tail light |
| Đèn hai đầu | Two-lamp head lamp |
| đèn halogen | Halogen lamp |
| đèn hậu | tail lamp |
| Đèn pha Xenon | xenon head lamp |
| đèn pha/ đèn trước | Head light |
| Đèn pin | Torch |
| Đèn số | Number light |
| Đeo ra / Mặc | rubbed and decreased / worn |
| Đeo ra / mòn / rách nát | tattered |
| Đẹp | beautiful |
| Đề cử/ bổ nhiệm | Nominate |
| Để cắm/ phích cắm điện | to plug |
| Để chọn / lựa chọn | select |
| Để đâm thủng | to puncture |
| Để dầu | to oil |
| Để điền/ làm đầy | to fill |
| Để được mịn màng/ mượt mà | smooth |
| Để duy trì / chuẩn bị | prepare |
| Để hạ gục / Đá ra | to knock out |
| Để hạ thấp / làm cho thấp | make low |
| để học | I learn |
| Để kết nối / kết nối | connect |

| | |
|---|---|
| Để khoan một lỗ / Làm cái lỗ | to drill a hole / make a hole |
| để kiểm tra | to check |
| Để làm sáng tỏ / gỡ rối | solve |
| để mặc nó/để bỏ đi như nó có | Leave it alone |
| Để mịn/ làm mịn | to smooth |
| Để nâng lên | lift |
| Để phác thảo/ vẽ phác | To sketch |
| Để phân loại | classify |
| Để quay | turn |
| Để rò rỉ | to leak out |
| Để sắp xếp / Xếp hàng | to sort out / Line up |
| Để trải ra / lây lan | spread |
| Để trở lại | return |
| Dễ uốn/ tính dễ dát mỏng | Malleability |
| Để xóa / Tẩ y/ đỏ đi / trừ bỏ | remove |
| đếm | count |
| đệm đĩa | Disc pad |
| đến vị trí / Xác định vị trí | to position / determine position |
| Đi chơi | Hanging out |
| Đi học | Attending school |
| Đi xuyên qua/ kình qua | Go through |
| diagonal member | diagonal member |
| đĩa | disk |
| Đĩa cánh quạt/ rôto đĩa | Disc rotor |
| đĩa cứng | solid disc |
| đĩa ly hợp | disc clutch |
| đĩa ly hợp | clutch disk |
| Điềm báo | Omen |
| Điểm/ bảng tóm tắt | Point |

| | |
|---|---|
| điểm chết tren | Top Dead Center |
| Điểm danh | Attendance |
| điểm đánh lửa | ignition point |
| điểm không/ điểm trung hòa | neutral poin |
| điểm mốc | Landmark |
| điểm mù | blind spot |
| Điểm nứt | Cracking point |
| điểm tựa | fulcrum |
| Điền Van | charge valve |
| điện áp đầu cuối | terminal voltage |
| điện áp định mức | Rating voltage |
| Điện áp thả | Voltage drop |
| Điện áp thứ cấp | Secondary voltage |
| Điện cực | Electric pole |
| điện cực đất | ground electrode |
| điện cực trung tâm | center electrode |
| Điện dung/ dung lượng tĩnh điện | capacitance |
| điện khí hóa | electric charging |
| Điện lực | Electricity |
| Điện outfitting mục liên quan | Electric items |
| diện tích | area |
| Điện trở | Electric resistance |
| điện trở đặt trong bougie | Resistance spark plug |
| Điện tử | Electronic |
| Điều chỉnh | adjust |
| Điều chỉnh | tuning |
| Điều chỉnh | adjustment |
| Điều chỉnh | Adjustment |
| điều chỉnh / Để điều chỉnh | adjust |

| | |
|---|---|
| điều chỉnh/ đính chính | correction |
| Điều chỉnh /hiệu chỉnh máy | Tune-up |
| Điều chỉnh bánh trước một chút vào trong | Toe in |
| điều chỉnh tiếng ồn | noise regulation |
| Điều chỉnh tốc độ tắt / mở tín hiệu theo từng chu kỳ | Duty control |
| Điều có thật | Real thing |
| điều khiển dịch chuyển chế độ tự động | auto-mode shift control |
| Điều khiển kỹ thuật số | Digital control |
| điều khiển lực kéo | Traction Control |
| điều khiển móc bầu trời | sky-hook control |
| điều khiển trực tiếp/ truyền động trực tiếp | direct drive |
| điều khiển tự động cân bằng | auto-leveling control |
| điều kiện | conditions |
| điều lệ | charter |
| Đinh ốc | screw |
| định dạng | Format |
| định hình | to shape |
| Định kiến | Prejudice |
| Định lượng/ phân lượng | Quantity |
| định lượng/ số lượng | quantity |
| định lý | theorem |
| Định nghĩa | Definition |
| đỉnh | vertex |
| Diode Zener | Zener diode |
| đi-ốt | diode |
| đi-ốt zener | zener diode |
| Điôxít lưu huỳnh | Sulfur dioxide |
| Điôxít nitơ | Nitrogen Dioxide |
| đo áp suất lốp | tire pressure · gauge |

| | |
|---|---|
| Đo đạc | Measurement |
| Đo độ dày | thickness gauge |
| Đo lường | measure |
| đo lường / lấy số đo | measure / taking measurement |
| Đó | There |
| Đoản mạch nội bộ | Internal short circuit |
| đọc | read |
| Đọc quy mô | scale |
| Đọc thuộc lòng | recite |
| Đòn bẩy | Lever |
| đóng | close |
| đóng gói | pack |
| Đóng gói/ bao bì/ sự bịt kín | packing |
| Đóng lên | Close up |
| Đồ thị/ biểu đồ | Chart |
| Độ ẩm | Humidity |
| độ ẩm/ hơi ẩm | moisture |
| độ bền mỏi | fatigue resistance |
| độ chặt/ độ đặc | consistency |
| độ chính xác | precision |
| Độ chính xác / sự chính xác | accuracy |
| độ dẫn điện / Tinh dẫn điện | Electrical conductivity |
| Độ dày | thickness |
| độ đàn hồi | elasticity |
| độ hở van | Valve clearance |
| độ nhớt | viscosity |
| độ rung đàn hồi | elastic vibration |
| Độ rung và tiếng ồn Analyzer | vibration and noise analyzer |
| độ trễ đàn hồi | elastic hysteresis |

| | |
|---|---|
| độ trễ thời gian | time lag |
| Đổ / đổ nó lên | pour it up |
| đổ đầy | filling |
| đổ đầy bể | Full tank |
| đổ nó lên/ rót | pour it up |
| Độc thân | single |
| Đôi khi | Sometimes |
| Đôi dây tóc bóng đèn / bóng đèn 2 tim | double ferament bulb |
| đối chiếu | compare |
| Đối thủ | Rival |
| đối trọng / cân bằng trọng lượng | Balance weight |
| đổi hướng | turn |
| đồng | bronze |
| Đồng | Cooper |
| Đồng bộ hóa | Synchronization |
| động cơ | engine |
| động cơ | motor |
| Động cơ 2 chu kỳ | 2-cycle engine |
| Động cơ chu kỳ Atkinson | Atkinson cycle engine |
| Động cơ chu kỳ khối lượng không đổi | Constant volume cycle engine |
| Động cơ chu kỳ Miller | Miller cycle engine |
| Động cơ chu trình Isobaric | Isobaric cycle engine |
| Động cơ có thể sử dụng nhiều loại nhiên liệu khác nhau | multiple fuel engine |
| động cơ có xi lanh bố trí thẳng hàng | in-line engine |
| động cơ cửa sổ điện | Power window motor |
| Động cơ điện | Electric motor |
| Động cơ điện trong bánh xe | In-wheel motor |
| Động cơ diesel | Diesel engine |
| Động cơ diesel gõ/sự róc máy(kích nổ) | Diesel knock |

| | |
|---|---|
| động cơ điều khiển hoạt động gắn | active control engine mounting |
| Động cơ đốt trong | Internal combustion engine |
| Động cơ gạt nước kính chắn gió | wiper motor |
| động cơ hai thì | two cycle engine |
| Động cơ không chổi than DC | DC brushless motor |
| động cơ kiểu qua lại | reciprocating engine |
| động cơ nhiều xi-lanh | multi-cylinder engine |
| động cơ quanh co trực tiếp | direct winding motor |
| Động cơ servo AC | AC servo motor |
| Động cơ tăng áp | turbo engine |
| động cơ Tự nhiên-aspirated | natural aspiration |
| Động cơ Wankel | Wankel engine |
| Động cơ xăng loại trong xi-lanh tiêm | Direct injection gasoline engine |
| Động cơ xăng tỷ lệ mở rộng cao | high expansion ratio cycle gasoline engine |
| đồng đều | uniform |
| Đồng hành/ theo | Accompany |
| Đồng hồ đo chuyến đi/ đồng hồ đo quãng đường | Trip meter |
| Đồng hồ đo điện áp/ vôn-mét | Voltage meter |
| đồng hồ đo đường | odometer |
| đồng hồ đo lưu lương không khí | air flow meter |
| Đồng hồ đo nhiệt độ | Temperature gauge |
| Đồng hồ số | Digital meter |
| Đồng hồ tốc độ điện | Electric speedometer |
| đồng hồ xe taxi | taxi meter |
| động lực | power |
| Động lực/ sự thúc đẩy | Motivation |
| Động lực kế | Dynamometer |
| Đồng tâm | concentric |
| Đồng thau | brass |

| | |
|---|---|
| đồng thời | at the same time |
| đồng thời/ cùng lúc | simultaneous |
| Đốt cháy bất thường/ tiếng nổ | Detonation |
| Đốt cháy đồng nhất | homogeneous combustion |
| đốt cháy phân tầng | stratified combustion |
| đốt ngón tay | knuckle |
| đột ngột | suddenly |
| Đột ngột/ bỗng nhiên | Suddenly |
| Đột phá | breakthrough |
| Đơn giản | Simple |
| đơn giản | simply |
| đơn vị | unit |
| đơn vị gửi | sender unit |
| đơn vị lái xe điện tử | electronic driving unit |
| Đúc | Casting |
| Đúc dùng nylon/ chổi nilông | Nylon bush |
| đúc ly tâm | centrifugal casting |
| đục | Become cloudy |
| Đục bê tông / đục thép | chisel |
| Đúng/ ngăn nắp | Properly |
| Đúng / chính xác | correct |
| Dunlop | Dunlop |
| Đuôi ống/ ống xả khói | Tail pipe |
| Đưa vào | put in |
| Đừng cảm thấy tồi tệ | Don't feel bad |
| Dừng lại | Stop |
| Đứng im | Stationary |
| được cacbon hóa | Carbonized |
| được đúc khuôn | die cast |

| | |
|---|---|
| Đương đầu/ sự đối xử | Coping |
| đường chấm chấm | dotted line |
| Đường chấm chấm | Dash-dotted line |
| đường chéo | diagonal |
| Đường cong hiệu suất | performance curve |
| đường cong hyperbol | hyperbolic curve |
| Đường cong Trochoid | Trochoid curve |
| đường dẫn trượt bi | ball spline |
| đường kính | diameter |
| Đường may | Seam |
| Đường rãnh | spline |
| đường ray chung | common-rail |
| đường sắt trượt | slide rail |
| Đường thẳng | straght line |
| đường trung tâm | center line |
| đường trung tính | neutral line |
| đyne | dyne |
| ECU lai | hybrid ECU |
| EGR nội bộ | Internal EGR |
| Etylen glycol | Ethylene glycol |
| freon thay đổi nhau | altranative freon |
| Gang đặc biệt | Special cast iron |
| gang thép | cast iron |
| gạch dưới | underline |
| gánh nặng | burden |
| Gắn động cơ | engine mount |
| Gấp đôi | Double |
| gấp đôi/ sự nhân bản | Duplication |
| gậy | rod |

| | |
|---|---|
| gây nhầm lẫn | confusing |
| Gây nhầm lẫn | Confusing |
| gây ra | cause |
| ghế trẻ em | child seat |
| Ghi chú | Note |
| Ghi lại | record |
| Ghim tách | split pin |
| Gia cố/ tăng cường | Reinforcement |
| gia công | processing |
| gia tăng | Increase |
| giá trị | value |
| Giá trị bằng số | Numerical value |
| Giá trị nhiệt thấp | Low heat value |
| giả | dummy |
| Giả thiết | assumption |
| giai đoạn = Stage/ chu kỳ | period |
| giải pháp/ dung dịch | solution |
| giải phóng | release |
| Giải phóng mặt bằng | Top clearance |
| Giải phóng mặt bằng / Lỗ hổng | clearance / gap |
| Giải trình/ giải thích | Explanation |
| giám sát | monitor |
| Giảm/ co nhỏ | Reduction |
| giảm/ giảm bớt | Reduce |
| giảm bớt | decrease |
| Giảm bớt sức ép | Decompression |
| Giảm dần | Tapered |
| gian hàng thuốc xịt | spray booth |
| giàn | truss |

| | |
|---|---|
| Gián đoạn | Interruption |
| Gián đoạn bush | interring Bush |
| Giao hàng đột quy | Delivery stroke |
| Giao thông tắc nghẽn | Traffic jam |
| giao tiếp | communication |
| Giỏi về | Good at |
| Giòn/ dễ gãy | Brittle |
| Giọt nước | Water drop |
| giống hệt như… | Exactly |
| giới hạn đàn hồi | elastic limit |
| Giới hạn mỏi | Fatigue limit |
| Giới hạn/ hạn chế | Llmlt |
| Giới thiệu | Introduction |
| giới thiệu | recommend |
| Giới thiệu tóm tắt/ moóc | Trailer |
| Giữ | hold up |
| giữ | keep |
| Giữ chặt | hold firmly |
| giữa tam giác | triangle filing |
| góc | angle |
| góc | corner |
| góc bánh âm | Negative offset |
| Góc bevel | bevel angle |
| góc chậm phát triển | retarded angleg |
| Góc dwell | Dwell angle |
| góc lái | steering angle |
| Góc nhìn/ tầm nhìn | Field of view |
| Góc phải | right angle |
| Góc tốt | good corner |

| | |
|---|---|
| góc trục lái | steering axis angle |
| góc trượt | slip angle |
| gọn gàn | neatly |
| Gốc/ nguồn | Origin |
| gồm có/ kiêm nhiệm | take the place |
| gốm sứ/ gốm | ceramic |
| gỡ rối | solve |
| guốc hãm ma sát | Trailing shoe |
| gương cửa | door mirror |
| Gương điều khiển điện | Electric remote control mirror |
| hạ thấp/ hạ xuống | to lower |
| hai | dual |
| hai bên/ cả hai mặt | both sides |
| hai chỗ ngồi | two-seater |
| hai chu kỳ | two cycle |
| hai tông màu | two tone color |
| hai trục cam trên nắp máy | double overhead camshaft |
| hai xi lanh | two cylinder |
| Hạn chót/ ngừng | Deadline |
| Hàn điểm | spot welding |
| Hàn điện | Electric welding |
| Hàn giáp mối | Butt welding |
| hàn/ hợp kim hàn | solder |
| Hàng đầu | Top |
| hàng hóa | goods |
| hàng hóa khiếm khuyết | Defective |
| hàng mới | Brand new |
| hành động cảm ứng tương hỗ | mutual induction effect |
| hành động khuếch đại | amplifying action |

| | |
|---|---|
| hành động làm sạch | cleaning action |
| Hành động này | leverage action |
| Hành hình | Execute |
| hạt/ đai ốc | nut |
| hạt/ hột | grain |
| hằng lò xo | spring constant |
| hấp tấp, nôn nóng | Irritating |
| Hầu hết | Almost |
| Hầu hết/ sự bao quát | Mostly |
| Héo / Nhún | shrunk |
| hẹn giờ | timer |
| hệ cơ cấu lái loại Rack &Pinion | Rack & Pinion Steering |
| hệ số | coefficient |
| hệ số ma sát | friction coefficient |
| Hệ số nhớt động học | Kinematic viscosity coefficient |
| Hệ thống đánh lửa | Ignition system |
| Hệ thống đánh lửa/ thiết bị đánh lửa | Ignition system |
| hệ thống điều khiển bướm ga loại điều khiển điện tử | Electronic Throttle Control System |
| Hệ thống điều khiển/ rađiô máy phát | Transmitter |
| hệ thống hỗ trợ phanh | break assist system |
| Hệ thống hybrid Series | series hybrid system |
| Hệ thống hybrid song song | parallel hybrid system |
| Hệ thống kê khai | manifest system |
| hệ thống lai | hybrid system |
| Hệ thống lai loạt song song | parallel series hybrid system |
| hệ thống phát hiện ghế trợ lý | assistant seat detection system |
| Hệ thống phun nhiên liệu áp lực cao loại đường ray chung | common-rail type high pressure fuel injection system |
| Hệ thống treo | suspension |
| Hệ thống treo độc lập | Independent suspension |

| | |
|---|---|
| Hệ thống treo khí | air suspension |
| Hệ thống treo khí nén | Pneumatic suspension |
| hệ thống treo tay đòn kép | double wishbone |
| hệ thống truyền lực/ hệ thống động lực | Power train |
| Hệ thống tự chẩn đoán | self-diagnosis system |
| hệ thống tuần hoàn khí thải | Exhaust Gas Recirculation |
| Hệ thống xoáy dọc | tumble flow system |
| Hết hàng | Out of stock |
| Hết xăng | out of gas |
| hiện diện hay vắng mặt/ có hay không có | presence or absence |
| hiện tại đang sạc | charging current |
| Hiện thực hóa | Realization |
| hiện tượng | phenomenon |
| hiện tượng đánh lửa tự nhiên | natural firing phenomenon |
| hiện tượng jadder | jadder phenomenon |
| Hiển nhiên | Obvious |
| Hiệp hội doanh nghiệp tái chế ô tô Nhật bản | Japan Automotive Recyclers Association |
| hiệp hội thiết bị ô tô Hoa Kỳ | Speciality Equipemnt Market Association |
| Hiệu chỉnh điện áp | Voltage correction |
| Hiệu suất/ tính năng | Performance |
| hiệu suất lấp đày | filling efficiency |
| Hiệu suất leo dốc | Slope climbing performance |
| hiệu suất thể tích | volume efficiency |
| Hiệu suất truyền dẫn | Transmission efficiency |
| hiệu ứng/ hiệu quả | effect |
| Hiệu ứng/ ý đồ | Effect |
| Hiệu ứng nhà kính | Greenhouse effect |
| Hiệu ứng SEV (Cải thiện các tổn thất khác nhau trong ô tô) | SEV effect |
| Hình chữ nhật | Rectangle |

| | |
|---|---|
| hình elip/ hình bầu dục | ellipse |
| Hình minh họa | Illustration |
| Hình minh họa/ ví dụ thực tế | Illustration |
| hình ống | tubular |
| hình thành từ | Hold |
| Hình trụ | Cylinder |
| hình vuông | square |
| hoa văn lốp xe | tire tread |
| Hóa đơn | Invoice |
| Hoàn thành | complete |
| Hoàn thành | Completion |
| hoàn toàn | completely |
| hoàn toàn/ hầu | All around |
| hoang mang/ lúng túng | to be upset / in confusion |
| hoạt bát/ sôi nổi | lively |
| Hoạt động/ hành động | operation |
| hoạt động quét khí xả | scavenging action |
| Hoạt động treo xe | active suspension |
| Hoặc là/ hay | Or |
| hoặc một cái gì đó khác | What is it |
| Học | Study |
| học hỏi | learn |
| học kỳ | semester |
| học nghề | apprentice |
| học thuyết | theory |
| hỗ trợ / ủng hộ | to support |
| hỗn hợp | composite |
| hồng ngoại | infrared |
| hộp bánh giăng | gearbox |

| | |
|---|---|
| Hộp bánh lái | steering gear box |
| Hộp công cụ | Tool box |
| hộp số tự động | automatic transmission |
| Hộp số/ bánh răng | gear |
| hộp trợ lực lái | Power steering gearbox |
| hộp vi sai | Differential case |
| hơi nước | vapor |
| hơi nước | water vapor |
| hởi sương Photochemical | photochemical smog |
| Hơn | Rather |
| Hơn bất cứ thứ gì/ trên hết | More than anything |
| hơn thế nữa | Moreover |
| Hợp kim đồng | Copper alloy |
| hợp kim đúc | die cast alloy |
| hợp kim thiếc | tin alloy |
| Hợp lý | Reasonable |
| Hợp lý/ lôgic | logic |
| Hợp nhất | Unification |
| hút | suck |
| Hút ẩm | Dehumidification |
| Huỷ bỏ | Cancellation |
| Huỷ bỏ/ phủ nhận | Cancel |
| Hủy đăng ký | Registration of Deletion |
| huyền phù biaxial | Biaxial suspension |
| hư hại | damage |
| hư hỏng/ bị mòn | worn out |
| hư hỏng/ xấu đi | Deterioration |
| Hướng dẫn | Induction |
| Hướng dẫn sử dụng chuẩn thao tác | job instruction sheet |

| | |
|---|---|
| Hữu ích/ sự tiện lợi | Useful |
| hydro | hydrogen |
| hyđro sunfua | Hydrogen sulfide |
| hydrocacbon | hydrocarbon |
| IC đánh lửa | IC igniter |
| IC ổn áp | IC voltage regulator |
| Idling stop | Idling Stop |
| Ít khi | Rarely |
| ít nhất | at least |
| Kéo/ kéo lê | Drag |
| kéo | pull |
| kéo cắt kim loại | metal scissor |
| Kéo lên | Pull up |
| Kéo ra | Pull out |
| Kẽm □ | Zinc |
| Kế hoạch | Plan |
| Kềm/ kìm cắt | nipper |
| kênh | channel |
| kết dính | adhesive |
| kết nối | connection |
| kết nối chẩn đoán | diagnosis connector |
| Kết nối Delta/ nối dây tam giác | Delta connection |
| Kết nối rod | conrod |
| kết quả là | as a result |
| Kết thúc | End |
| Kết thúc / Hoàn thành | finishing |
| kết thúc lớn | big end |
| Kết thúc/ hoàn thành | End up |
| kêu la | squeal |

| | |
|---|---|
| Khá/ rất | Quite |
| khả năng chống ăn mòn | corrosion resistance |
| Khả năng lái xe | Drivability |
| khả năng phanh | braking ability |
| Khả năng tương thích | Compatibility |
| Khác | Other |
| Khát vọng/ ước vọng | Aspirations |
| Khắc chạm | carve |
| khe cắm | slot |
| khe hở | slit |
| Khéo léo | Skillful |
| Khí carbon monoxide | Carbon Monoxide |
| khí CO2 | Carbon dioxide |
| Khí để làm mát / ga lạnh | Refrigerant gas |
| Khí đốt tự nhiên | Natural gas |
| Khí đốt tự nhiên xe | Natural gas vehicle |
| khí hiệu ứng nhà kính | green house gases |
| Khí hóa lỏng | Liquefied Petroleum Gas |
| khí LP | LP gas |
| Khí nitơ | Nitrogen gas |
| Khí sinh ra từ buồng quay của động cơ | Blow-by gas |
| Khí thải | Exhaust gas |
| Khí tự nhiên | Natural gas |
| khí tự nhiên hóa lỏng | Liquefied Natural Gas |
| Khiếm khuyết | defective |
| khiếm khuyết/ nhược điểm | defect |
| Khóa | Lock |
| Khóa học | course |
| Khoan | drilling |

| | |
|---|---|
| Khoan điện / máy khoan điện | electric drill |
| khoản mục | bullets |
| khoảng cách chạy | Mileage |
| Khoảng cách của các bộ phận trượt | tappet clearance |
| Khoảng cách đi từ đầu đến cuối | stroke |
| Khoảng cách dừng | Stop distance |
| Khoảng cách giữa hai trục bánh xe đầu tiên | first axis distance |
| khoảng cách phanh | braking distance |
| Khói đen | black smoke |
| khói động cơ diesel | Diesel smoke |
| khô | dry |
| khối lượng | mass |
| Khối lượng riêng của chất điện phân | Specific gravity of electrolyte |
| khối xi lanh | cylinderhead block |
| Không bị sốc | zero rush |
| không camber | zero camber |
| không caster | zero caster |
| Không chính xác | Inaccurate |
| không có gì | nothing |
| Không có sự cho phép | Without permission |
| Không có tai nạn | No accident |
| không còn | no longer |
| không dây | wireless |
| Không đời nào | No way |
| không đủ | not enough |
| không đủ | insufficient |
| không gian | space |
| không gian tự do | Clear space |
| không gian/ khoảng trống | space |

149

| | |
|---|---|
| Không giỏi về | Bad at |
| không hiểu sao/ không có lý do cụ thể | somehow |
| không hợp lý | unreasonable |
| không khí | atmosphere |
| Không khí nén | compressed air |
| Không liên quan | Irrelevant |
| khổng lồ | huge |
| không may/ thật đáng tiếc | unfortunately |
| không nên làm | should not be done |
| Không thân thiện/ lạnh | Unfriendly |
| Không thành sự thật | not come true |
| Không thể nào | impossible |
| Không thể tránh khỏi | Unavoidably |
| Không thể tránh khỏi/ chắc chắn | Inevitably |
| Không thường xuyên | irregular |
| Khởi đầu/ động đậy | Start |
| khởi động bụi | dust boot |
| khớp cầu | Ball joint unit |
| khớp hình cầu | spherical joint |
| khớp linh hoạt/ khớp nối đàn hồi | Flexible Joint |
| khớp loại Biield | Birfield type joint |
| Khớp ly hợp vấu | Dog clutch |
| Khớp nhau/ hợp nhau | Match each other |
| khớp nối bóng | ball joint |
| khớp nối đồng tốc giá ba chân | Tripod type CV joint |
| khớp nối đồng tốc loại bù đôi | double offset type CV joint |
| khớp nối đồng tốc loại đôi cardan | double cardon type CV joint |
| Khớp nối linh hoạt | Flexble joint |
| Khớp nối nhớt | Viscous coupling |

149

| | |
|---|---|
| Khớp vận tốc không đổi/ khớp nối đ ồng tốc | Constant velocity joint |
| khung | frame |
| khung gầm | chassis |
| Khung gầm và thân xe được tích hợp | Monocoque body |
| Khung giàn | Truss frame |
| khung hình ống | tubular frame |
| khung ống | tube frame |
| khủng khiếp/ quá đáng | terrible |
| khuôn mẫu | dies |
| Khuôn rèn | dieforcing |
| khuyên bảo/ lời khuyên | advice |
| Khuyến mại | Promotion |
| Khử trùng | Disinfection |
| Khử từ | demagnetization |
| Kích hoạt/ cò súng | trigger |
| kích thích độc lập | separated excitation |
| Kích thước | size |
| Kích thước | Dimension |
| kích thước lốp | tire size |
| kiểm soát chẩn đoán | diagnosis control |
| Kiểm soát chất lượng | Quality Control |
| kiểm soát chống lặn | anti-dibe control |
| kiểm soát khởi động | warm-up control |
| Kiểm soát phanh tái tạo | regenerative brake control |
| Kiểm soát thời gian đánh lửa | Ignition timing control |
| Kiểm soát thời gian đánh lửa loại điều khiển điện tử | Electronically controlled ignition timing control |
| kiểm soát tiêm thí điểm | pilot injection control |
| Kiểm soát tốc độ khổng tải | Idle Speed Control |
| Kiểm tra/ đi thi | Examination |

| | |
|---|---|
| Kiểm tra | inspect |
| Kiểm tra | Examination |
| kiểm tra | check |
| Kiểm tra | Checking |
| kiểm tra | inspection |
| kiểm tra / Để điều tra | investigate |
| kiểm tra định kỳ và bảo trì | Priodical maintenace |
| Kiểm tra độ mỏi | Fatigue test |
| kiểm tra hiệu suất phanh | braking performance test |
| kiểm tra thời gian-tụt hậu / kiểm tra độ trễ thời gian | time lag test |
| Kiểm tra tốc độ của đầu ra bánh răng cố định khi động cơ mở hoàn toàn | stall test |
| kiểm tra van | check valve |
| Kiên nhẫn | Patient |
| kiếng chiếu hậu | rearview mirror |
| Kiệt sức | Exhausted |
| kiểu đồng tâm | Concentric |
| kiểu ống lồng | Telescopic type |
| kìm có răng | pliers |
| kim giây | second hand |
| Kim lăn vòng bi / ổ đủa kim | Needle roller bearing |
| Kim loại hiếm | Rare metal |
| kim loại mềm | soft metal |
| Kim loại nặng | heavy metals |
| Kim phun được gắn vào thân van tiết lưu | throttle body injection |
| kim phun nhiên liệu cho đường sắt chung | Common Rail's Injector |
| kim phun swirl áp lực cao | high pressure swirl injector |
| Kim viết nguệch ngoạc | scribing needle |
| kìm vise | vise pliers |

| | |
|---|---|
| Kính an toàn | safety glass |
| Kính bảo hộ | Protective eyewear |
| kính chắn gió xe | Front grass |
| kính cửa | Door glass |
| kinh doanh | business |
| kính màu | colored glass |
| Kính nhiệt | Tempered glass |
| Kính nhiều lớp, triplex | triple glass |
| Kính thiên văn/ kiểu ống lồng | Telescopic |
| Kính thủy tinh luyện | toughened glass |
| Kính Triplex/ kính ba lớp | Triplex glass |
| Kỳ lạ | Strange |
| Kỳ lạ/ độc đáo | Peculiar |
| Ký tên | Sign |
| Kỷ luật | Discipline |
| Kỹ lưỡng | Elaborate |
| Kỹ lưỡng/ làm triệt để | Thorough |
| Kỹ năng | Skill |
| Kỹ thuật | Technique |
| Kỹ thuật số/ thuộc về ngón tay | Digital |
| kỹ thuật viên/ nhà kỹ thuật | technician |
| Lái trợ lực điện | Electric Drive Type Power Steering |
| lái xe | drive |
| Lái xe / hoạt động | drive / operation |
| Làm | graze |
| Làm bẩn | Get dirty |
| làm cho kêu | Ring |
| Làm cong | Warp |
| Làm cong/ uốn cong | Warp |

| | |
|---|---|
| làm đầy lại/ sự đổ đày lại | refill |
| làm điều đó cho tôi | do that for me |
| làm hư hỏng | Spoil |
| làm khuôn | shape |
| làm lại | rework |
| làm lạnh | chilling |
| làm lạnh | cool |
| làm mát đầu | oil coole |
| làm mềm | softening |
| Làm mòn / Mang ra | wear down |
| làm nhanh | Speed up |
| làm nóng | to heat |
| làm phẳng | make it flat |
| Làm phiền | Bother |
| Làm phiền / trở ngại | Annoying |
| Làm phiền/ phiền toái | Annoying |
| Làm quen với | Get used to |
| làm rung lạch cạch | chattering |
| làm sạch | cleaning |
| Làm sao | How |
| Làm sắc nét | shave |
| làm sắc nét | sharpen |
| làm tăng lên | Increase |
| Làm tròn | Rounded |
| làm trọn/ đổ đầy/ làm đầy | fulfill |
| làm trống | to empty |
| làm tổn thương | hurt |
| Làm việc theo nhóm | Teamwork |
| Làn đường | Lane |

| | |
|---|---|
| làn sóng | wave |
| lạnh | cold |
| lau/ chùi | wipe |
| Lau đi | wipe away |
| lắc dọc | pitching |
| Lắp ráp | assembly |
| lắp ráp túi khí bên | side air bag assembly |
| Lần cuối / lần trước | Last time |
| Lân lượt từng ngươi một | One after another |
| lần nữa | again |
| lập dị/ lệch tâm | eccentric |
| lâu rồi không gặp | long time no see |
| Lấy / vồ lấy | grab |
| lấy góc | to cut a corner |
| Lên và xuống | Up and down |
| liên kết delta | Delta link |
| liên tục | constantly |
| Linh hoạt | flexible |
| Linh hoạt | Versatile |
| lo/ lo lắng | worry |
| lò xo | spring |
| lò xo cuộn | coil spring |
| lò xo đĩa | Disc spring |
| lò xo giảm chấn | damper spring |
| lò xo hẹn giờ | timer spring |
| lò xo lá | spring leaf |
| lò xo màng | diaphragm spring |
| lò xo thanh xoắn | Torsion bar spring |
| lò xo xoắn | Torsional spring |

| | |
|---|---|
| Lò xo xoắn ốc | Coil spring |
| loa | speaker |
| Loại cánh tay semi-trailing | Semi trailing arm type |
| Loại điện từ | Electromagnetic type |
| loại điều khiển dòng điện | Current control type |
| loại đối lập | opposed type |
| Loại động cơ | engine type |
| Loại khô | Dry type |
| loại khớp nối ổ trục | shell type bearing coupling joint |
| loại lưu thông không khí bên trong | Inside air circulation type |
| loại ly hợp một đĩa | single plate clutch type |
| loại năm thấp | low age type |
| loại phun trực tiếp | direct injection type |
| loại piston đối diện | opposed piston type |
| loại tất cả nổi | all floating type |
| loại theo dõi | following type |
| loại trục trung tâm | center pivot type |
| Loại trừ/ ngoại trừ | Exclusion |
| loại xoáy | swirl type |
| loạt | series |
| loạt nối tiếp | series connection |
| lõi | armature |
| lõi sắt | iron core |
| Lõm / Bị chìm | recessed / sunken |
| lõm/ hằn xuống | to dent |
| Long đen phẳng | Plain washer |
| Long đen vênh | spring washer |
| Long Life Coolant(LLC) | Long Life Coolant |
| lòng đường/ đường xe chạy | roadway |

| | |
|---|---|
| Lỏng lẻo/ không chặt | loose |
| Lỏng lẻo/ nhẹ nhàng | Loose |
| lộ trình | course |
| Lỗ hổng | Gap |
| Lỗ hổng ôzôn | ozone hole |
| lỗ thông gió | ventilation hole |
| Lỗ xi lanh | cylinder hole |
| lồi | convex |
| Lối ra | outlet |
| lộn xộn/ rối bời | Unreasonable |
| lốp ban nhạc | tire band |
| lốp đo | tire gauge |
| lốp đôi | double tire |
| lốp dự phòng | spare tire |
| lốp rắn | solid tire |
| lốp runout | tire runout |
| Lốp xe | tire, tyre |
| lốp xe bị bỏ rơi | Waste tire |
| lờ mờ/ không rõ ràng | vague |
| lời giới thiệu/ lời mờ đầu | Introduction |
| Lời nói đầu/ sự chỉ rõ | specification |
| lợi thế/ chỗ lợi | advantage |
| Lớn và nhỏ | Big and small |
| lớp | layer |
| lớp học | class |
| lốp liền săm / lốp không ruột | tubeless tire |
| lớp lót bán kim loại | semi metallic linning |
| lớp phủ điện | Electro painting |
| lớp xen kẽ | interlayer |

| | |
|---|---|
| luật 1:29:300 | law of 1:29:300 |
| luật kiểm soát ô nhiễm không khí | air pollution control law |
| luật tái chế xe ô tô | Law Concerning Recycling Mesures of End-of-life Vehicles |
| luật xử lý ô nhiễm chất thải | law of waste pollution treatment |
| luộm thuộm | sloppy |
| luôn luôn | always |
| Luyện thép/ sản xuất sắt | Steelmaking |
| Lựa chọn | Choice |
| Lực Coriolis | Coriori force |
| Lực đẩy vòng bi | thrust bearing |
| Lực điện từ | Electromagnetic force |
| lực hướng xuống | down force |
| Lực kế | dynamometer |
| lực lượng đumping | dumping Force |
| lực ly tâm | centrifugal force |
| Lực phanh | braking force |
| lực quay | turning force |
| lực rung cưỡng buộc | vibration forcing |
| lực tốc độ | speed |
| lực xoắn | torsional moment |
| lưỡi/ lưỡi dao | blade |
| Lưới đồng bộ | Synchronous mesh |
| Lưỡng cực | Bipolar |
| lượng khí thải | total displacement |
| Lượng mưa/ sự kết tủa | Precipitation |
| lưu trữ/ dự trữ | storage |
| Ly hợp đĩa khô | Dry disc clutch |
| Ly hợp khô | Dry clutch |
| ly hợp ly tâm | centrifugal clutch |

| | |
|---|---|
| ly hợp ly tâm tự động | centrifugal automatic clutch |
| ly hợp quá mức | over running clutch |
| lý lịch/ bối cảnh/ phông nền | background |
| ma sát | friction |
| Ma sát bên trong | Internal friction |
| ma sát rắn | solid friction |
| Mạ điện | Electric plating |
| mã | code |
| mã lực | horsepower |
| Mã lực phanh | braking horsepower |
| Mạch chỉnh lưu | rectifying circuit |
| mạch điện | electric circuit |
| mạch nand | nand circuit |
| mạch nối tiếp | series circuit |
| Magiê | Magnesium |
| mái trượt | sliding roof |
| Mãi mãi | Forever |
| màn trập/ cửa chớp | shutter |
| Mang/ gánh vác | Carry |
| Mang đến | Bring |
| mang lại gần/ đem tới gần hơn | Bring closer |
| màng | film |
| màng chắn | diaphragm |
| mạng lưới/ ròng | net |
| Mảng | Array |
| Mạnh mẽ / vững chắc | sturdy / durable |
| Mảnh vỡ | Debris |
| mãnh liệt/ cực kỳ/ kinh khủng | Huge |
| mát | earth |

| | |
|---|---|
| Mau/ siêng năng | Quickly |
| Máy biến áp/ máy biến thế | Transformers |
| máy bơm | pump |
| máy bơm cung cấp | Feed pump |
| Máy bơm gia tốc | accelerator pump |
| Máy bơm không khí | air pump |
| Máy bơm nhiên liệu áp lực cao | high pressure fuel pump |
| Máy bơm nước | water pump |
| máy bơm phun loại phân phối | Distributor type injectin pump |
| Máy bơm phun nhiên liệu | Fuel injection pump |
| Máy bơm phun nhiên liệu | Injection pump |
| máy bơm quét khí xả | scavenging pump |
| Máy cắt khí axetylen | acetylene gas cutter |
| máy chỉnh lưu | rectifier |
| máy chỉnh sửa khung | Frame corrector |
| máy điều nhiệt | thermostat |
| máy đo bề mặt | surface gauge / trusquim |
| Máy đo để điều chỉnh bánh trước hơi vào trong | Toe gauge |
| Máy đo điện / lực kế điện | Electric dynamometer |
| máy đo độ rung | vibrometer |
| máy đo độ sâu | Depth gauge |
| máy đo tiếng ồn | noise meter |
| máy đo tốc độ / tốc độ kế | tachometer |
| Máy đo tốc độ điện | Electric tachometer |
| Máy đo tốc độ kỹ thuật số | Digital tachometer |
| máy đo/khí áp kế | gauge |
| máy giặt đẩy | thrust washer |
| máy hút khí | exhaust manifold |
| Máy hủy tài liệu | Shredder |

| | |
|---|---|
| Máy khoan | Drill |
| Máy khoan điện | Electric drill |
| Máy khuếch tán | Diffuser |
| mày kiểm tra lò xo | spring tester |
| máy làm lạnh | chiller |
| máy mài khuôn | Honing Machine |
| máy mài van | Valve refacer |
| Mây mù | smog |
| Máy nén điều hòa | Air-con compressor |
| máy nén hai giai đoạn / máy nén hai thẳng | two stage compressor |
| Máy nén khí | compressor |
| máy nén tăng áp | turbo compressor |
| máy nhấc hai trụ cột | Twin pole lift |
| Máy nhớt kế Saybolt | saybolt viscometer |
| máy palăng xích | chain hoist machine |
| Máy phát điện | generetor |
| Máy phát điện | dynamo |
| máy phát điện / dao điện | alternator |
| Máy phát điện DC | DC generator |
| Máy phát điện kích thích độc lập | separated excitation generator |
| máy phát siêu âm | ultrasonic transmitter |
| máy quạt tuabin | turbo blow |
| máy sấy khô | evaporator |
| Máy spoiler | air spoiler |
| máy tách | separator |
| Máy tháo dở nhiều ô tô | Multi car dismantling machine |
| Máy thổi ly tâm đa cánh | turbo fan/Centrifugal blower |
| máy thu gom Freon | Freon collection machine |
| Máy tính điều khiển truyền dẫn | Transmission control computer |

| | |
|---|---|
| máy tính động cơ | engine computer |
| Mặt bích | Flange |
| Mặt chính / trước mặt | front face |
| Mặt hàng tái chế cụ thể | specific recycling articles |
| Mặt nước | Water surface |
| mặt phẳng trung hòa | neutral plane |
| mặt phẳng/ bình duện | plane |
| mặt sau | back face |
| mâm cặp | chuck |
| Mâm xôi vừa/ cái giũa vừa | Medium rasp |
| Mấp mô | Bumpy |
| Mấp mô/ gập ghềnh | Bumpy |
| mất hiệu lực của trí nhớ | lapse of memory |
| mất mát | loss |
| mất/ hết | There is no |
| Mâu thuẫn | Contradiction |
| mẫu vật | sample |
| mét khói | smoke meter |
| Mềm | soft |
| mềm đầu | soft top |
| mềm dẻo / Linh hoạt | flexible |
| Mệt mỏi | fatigue |
| Mệt mỏi/ chà | rub |
| Mêtan | Methane |
| Micromet để đo nội bộ | Micrometer for internal measurement |
| móc câu | hook |
| Molypden | Molybdenum |
| Mỏ đô thị | Urban mine |
| mong manh | delicate |

| | |
|---|---|
| mong muốn | desirable |
| motor hỗ trợ | assist motor |
| moyayơ / tục bánh xe | Hub |
| mô hình thể thao | sport model |
| mô-men xoắn | torque |
| mô-men xoắn phanh | braking torque |
| Mô-men xoắn tốc độ thấp | Low speed torque |
| Mô-men xoắn tối đa | maximum torque |
| Mômen xoắn/ ống xoắn | Torque tube |
| mô phỏng | simulation |
| Mô phỏng | Emulate |
| mô tơ đầu hỗn hợp | compound motor |
| Mỗi | Each |
| Mỗi thù ghét | Repulsion |
| một cách êm ả | Smoothly |
| một chút | a little |
| một chút gì | At least |
| Một giá trị được xác định bởi hình dạng và kích thước của diện tích mặt cắt ngang của thép | secondary moment of area |
| Một lần/ trước | once |
| một pha AC | single phase AC |
| một phần tư bảng | quarter panel |
| Một thiết bị cho biết hướng xe đang chạy | Direction indicator |
| Một thiết bị phân phối công suất động cơ | Power distribution device |
| Một tỷ lệ để biểu thị dung lượng của pin | 20 hour rate |
| một vài | a few |
| Một vết nứt / Rạn nứt | split / rift |
| Mơ hồ/ không rõ ràng | Vaguely |
| Mờ dần sức đề kháng | fade resistance |

| | |
|---|---|
| Mờ nhạt | faint |
| mở | open |
| Mở hoàn toàn | Fully open |
| Mỏ lết điều chỉnh | monkey wrench |
| mở/ ngỏ | open |
| mở ra/ buông | throw open |
| Mở rộng | expansion |
| Mở rộng lỗ | enlarge the hole |
| mở rộng/ kéo dài ra | extend |
| Mưa axít | Acid rain |
| mục đích | aim |
| Mục Hỏi và trả lời | Question-and-answer session |
| mục lục | catalog |
| Mũi khoan | drill tip |
| Mũi tên | Arrow |
| mức độ cơ bản | Beginner |
| Mức nước | Water level |
| Nam châm điện | Electro magnet |
| Nam châm Ferrite | Ferrite magnet |
| Nam châm neodymi | Neozim magnet |
| nan hoa | spoke |
| natri | sodium |
| Năng lượng bên trong | Internal energy |
| Năng lượng điện | Electric energy |
| năng lượng mặt trời | solar energy |
| Năng lượng sạch xe | clean energy vehicle |
| Năng lượng tái tạo | Renewable Energy |
| Năng lượng thủy lực | Hydraulic power |
| năng lượng vận tốc | velocity energy |

| | |
|---|---|
| Nắp | lid |
| nắp | cap |
| Nắp bộ tản nhiệt | Radiator cap |
| nắp ca pô/ Mui xe | Bonnet |
| Nắp cho các bộ phận trượt | tappet cover |
| nắp động cơ | engine hood |
| Nâng cao | Advanced |
| Nâng cao | Advance |
| nâng van | tappet |
| ném/ vứt | throw |
| Nén | compression |
| nén đoạn nhiệt | adiabatic compression |
| Nén/ chườm ướt | Compress |
| Neon | Neon |
| net mã lực | net horsepower |
| Nêm chia | split cotter |
| Nếp nhăn | Wrinkles |
| Nếu | If |
| Nếu/ trường hợp | case / occasion |
| Nếu bạn nói vậy/ về chủ đề đó | If you say so |
| Nếu bạn suy nghĩ cẩn thận/ sâu sắc | keenly |
| Nếu bất cứ điều gì | If anything |
| Ngâm | Soak |
| ngăn chặn | prevent |
| Ngăn chặn/ cahr trở | Prevent |
| ngắn mạch | short circuit |
| ngắn mạch dòng | line short |
| Ngắt kết nối | Disconnect |
| ngẫu nhiên gặp | with in thud |

| | |
|---|---|
| Ngay cả một chút | Even a little |
| ngay lập | Immediately |
| ngay lập tức | Immediately |
| ngay lập tức | immediately |
| ngay lập tức pin | quick use battery |
| Ngay sau khi | Right after |
| Ngay trước đó | Immediately before |
| nghèo/ không đủ | poor |
| nghẹt thở | choke |
| Nghề nghiệp | Profession |
| nghịch lại | inverse |
| Nghiêm trọng/ trọng đại | Serious |
| Nghiêm túc | Seriously |
| Nghiêng / Để nghiêng | incline |
| nghiêng / Dốc | inclination / slope |
| ngoài ra | in addition |
| ngoại trừ/ loại trừ | except |
| ngón chân | toe |
| ngồi xổm | squat |
| nguồn | source |
| Nguồn cấp | Power supply |
| Nguồn nhân lực | Human resources |
| nguyên chất | pure |
| nguyên nhân | cause |
| nguyên nhân tố | Factor |
| Ngược chiều kim đồng hồ | counterclockwise |
| người bán hàng | salesman |
| Người bắt đầu | Beginner |
| Người buôn bán | Dealer |

| | |
|---|---|
| người dùng cuối | end user |
| người gửi | sender |
| người lưu diễn | tourer |
| người nghiệp dư | amateur |
| người sử dụng | user |
| Người theo dõi không có khoảng cách | zero rush tappet |
| Ngưỡng cửa | Door sill |
| Ngưỡng cửa bên | side shill |
| Nhà để xe | Garage |
| Nhà máy được chứng nhận | Certified factory |
| nhà máy sửa chữa | Repair plant |
| Nhà phân phối loại bơm | Distributor type pump |
| nhà sản xuất thiết bị gốc | Original Equipment Manufacturer |
| Nhà thầu bảo dưỡng ô tô | automotive maintenance supplier |
| Nhảm nhí | Bullshit |
| Nhân công/ công sức | Labor |
| nhân tạo | artificial |
| nhân tạo | Man-made |
| Nhân vật/ hình dáng | Figure |
| nhấn mạnh | To emphasize |
| Nhấn mạnh/ điểm quan trọng | Emphasis |
| Nhận được | Receive |
| Nhanh chóng | Quick |
| Nhanh chóng | Promptly |
| Nhấp nháy | Flashing |
| nhất định / bạn phải | you have to / without fail |
| nhất thiết | necessarily |
| nhạy cảm | sensitive |
| Nhảy | Jump |

| | |
|---|---|
| Nhảy ra ngoài | Jump out |
| Nhẹ nhàng/ ít nhiều | Slightly |
| Nhiệm vụ | Duties |
| Nhiệm vụ | Responsibility |
| nhiệm vụ/ sứ mệnh | mission |
| Nhiên liệu hóa thạch | fossil fuel |
| Nhiên liệu sinh học | biofuel |
| Nhiệt điện | Electric heat |
| Nhiệt độ | Temper |
| Nhiệt độ | Tempareture |
| nhiệt độ bắt lửa | ignition temperature |
| Nhiệt độ cần thiết để không khí thoát ra khỏi cửa ra | temperature air output |
| Nhiệt độ Celsius | Celsius temperature |
| nhiệt lượng | Calorie |
| nhiều | plenty |
| Nhiều | Multiple |
| Nhiều/ cực độ | Much |
| nhiều/ khá | very / much / quite |
| Nhiều/ ở mức độ đó | That much |
| nhiều hơn và nhiều hơn nữa | more and more |
| nhiều xi-lanh | multi-cylinder |
| nhiễu loạn | turbulence |
| Nhìn chung | Overall |
| Nhìn/ ngâm | Simmer |
| Nhỏ | small |
| nhổ/ rút/ kéo ra | Pull out |
| nhọn | sharp |
| Nhón chân ra | Toe out |
| Nhôm | aluminum |

| | |
|---|---|
| nhu cầu | demand |
| Nhũ tương/ nhũ hóa | Emulsification |
| như hiện tại | For the time being |
| Như nó là | As it is |
| Như thường lệ/ Như mọi khi | as usual |
| Nhựa cốt sợi | Fiber Reinforced Plastics |
| Nhựa epoxy | epoxy resin |
| Nhựa gia cố sợi | Fibergalss Reinforced Plastic |
| nhựa hàn | Solder paste |
| Nhựa polyethylene | Polyethylene resin |
| nhựa PVC | Polyvinyl Chloride |
| Nhựa sinh học | bio-plastic |
| Nhưng | But |
| Niken | Nickel |
| Nitơ | Nitrogen |
| nitơ ô-xít | Nitrogen Oxides |
| nitrit | nitride |
| Nó | It |
| Nó đã bị chặn | blocked |
| Nó được thực hiện | It is done |
| Nó là đầu của thanh nối lái | Tie-rod end |
| Nói chung | In general |
| nói cách khác/ có nghĩa là | that is |
| Nói ngắn gọn | in short |
| Nóng | hot |
| Nóng quá mức | overheat |
| nổ | explosion |
| nối tiếp | in series |
| nội bộ | internal |

| | |
|---|---|
| Nội dung | Content |
| Nội trú | Boarding |
| nổi bật | outstanding |
| Nổi bật/ đáng chú ý | Outstanding |
| nồng độ | concentration |
| Nơi giữ dụng cụ cắt vít | tap holder |
| nơi làm việc | workplace |
| Nới lỏng/ lỏng lẻo/ giảm | Loosen |
| Núm vú | Nipple |
| nung nóng/ nổi nóng | heat |
| Nút chọn | select button |
| nửa đầu | first half |
| Nước cất | distilled water |
| Nước làm mát | Cooling water |
| Nước mềm | Soft water |
| nước rửa | washer fluid |
| OBD2 | OBD-II |
| Oxit lưu huỳnh | Sulfurous Oxide |
| ô nhiễm bụi | dust pollution |
| ô nhiễm cảm giác | sensory pollution |
| Ô nhiễm không khí | air pollution |
| Ô tô | Automobile |
| ô tô CNG | CNG vehicle |
| Ô tô có mái che cố định | sedan |
| Ổ trục côn/ ổ đũa côn | Tapered roller bearing |
| ổ cắm | socket |
| ốc chỉnh xú páp / Vít điều chỉnh cho các bộ phận trượt | tappet adjusting screw |
| Ồn ào | Noisy |
| Ổn định | stabilizer |

| | |
|---|---|
| Ồn định/ đều đều | Steadily |
| Ông chủ | boss |
| ống | tube |
| ống/ ống dẫn | pipe |
| Ông bảo vệ xe trong trường hợp bị ng ã | Roll bar |
| ống dẫn | duct |
| ống lốp | tire tube |
| ống lót xi lanh khô | Dry cylinder liner |
| ống nghe | sound scope |
| ống nghe | stethoscope |
| Ống xả | exhaust pipe |
| Ở đâu cho đến khi | Where until |
| ở giữa | middle |
| ở ngoài | outside |
| Palăng xích | chain hoist |
| Palladium | Palladium |
| panel năng lượng mặt trời | solar panel |
| pha loãng | dilution |
| pha trộn | mix |
| Phá vỡ mở / Cạy mở | break open / pry open |
| phá vỡ/ đánh vỡ/ phá bỏ | break down |
| Phải | Must |
| Phạm vi âm thanh | sound scope |
| Phạm vi D | D range |
| phạm vi R | R range |
| phản lực chậm | slow jet |
| phản ứng | reaction |
| Phản ứng dữ dội/ khe hở/ khoảng trống | backlash |
| phân đoạn | segment |

| | |
|---|---|
| phần | section |
| Phần bổ sung | Supplement |
| phần cữ | second hand parts |
| Phần hậu mãi | Aftermarket part |
| phần kênh | channel section |
| Phần kết luận | conclusion |
| phần lớn/ vô cùng/ cực kỳ | most |
| Phần nào đó | Somewhat |
| Phân số | Fraction |
| phần thừa/ phần thêm | extra |
| phân tích | analysis |
| Phần trên | Upper part |
| Phần ứng | Armature |
| phanh | brake |
| Phanh đĩa | Disc brake |
| phanh trung tâm | center brake |
| pháp luật | law |
| phát nhiệt | Fever |
| Phát triển | Progress |
| phát triển | development |
| Phép nhân | multiplication |
| Phép trừ/ tính trừ | subtraction |
| phí tái chế | Recycling fee |
| Phía trong/ bên trong | Inside |
| Phía trước mặt | In front |
| phích cắm/ nút | plug |
| Phiên bản khí động học kiểm soát | spoiler |
| Phiếu kiểm tra | slip check |
| Phím côn | Taper key |

| | |
|---|---|
| Phòng ban | department |
| Phòng cháy chữa cháy | Fire protection |
| Phòng ngừa | Prevention |
| Phòng thủ | Defense |
| phòng trưng bày | showroom |
| phóng đại | magnification |
| Phóng điện/ dòng chảy | Discharge |
| Phóng điện/ tháo điện | Discharge |
| Phóng to | enlarge |
| Phỏng đoán | Guess |
| Phổ doanh / Khớp phổ quát | universal joint |
| Phù hợp | suitable |
| Phù hợp / Thích hợp | appropriate |
| Phụ gia | Additive |
| Phụ kiện | accessary |
| Phụ tùng | spare parts |
| Phụ tùng chính hãng | genuine parts |
| Phủi bụi | dust removal |
| phun CNG | CNG injector |
| phun nhiên liệu trung tâm | central fuel injection |
| phun trực tiếp | direct Injection |
| phức tạp | complexity |
| phương hướng | direction |
| phương pháp | method |
| Phương pháp đánh lửa | Ignition method |
| Phương pháp điều khiển điện áp | Voltage control method |
| Phương pháp giải pháp để quản lý doanh nghiệp hợp lý do WFN ủng hộ, v.v. | Solution approach to rational business management supported by WFN, etc |
| Phương pháp giải phóng nhiên liệu đều đặn | Timed injection |

| | |
|---|---|
| phương pháp góc ba | third angle method |
| phương pháp góc đầu tiên | first angle method |
| phương pháp kiểm tra siêu âm | ultrasonic inspection method |
| phương pháp phun trực tiếp | direct injection method |
| phương pháp sạc dòng điện liên tục | Constant current charging method |
| Phương pháp sản xuất | Manufacturing method |
| phương pháp thấm nitơ | nitriding method |
| phương pháp trực tiếp | direct method |
| phương thức phun nhiên liệu Sequential | sequential injection method |
| phương tiện/ xe cộ | vehicle |
| phương trình | equation |
| Pin / ắc quy | battery |
| Pin ECU | battery ECU |
| Pin lithium-ion | Litium-ion battery |
| pin lưu trữ | storage battery |
| pin nhiên liệu | Fuel cll |
| Pin nickel-cadmium | Nickel cadmium battery |
| Pin phụ | Secondary battery |
| Pin sạc/ tế bào thứ cấp | secondary cell |
| Pins | cotter pin |
| Piston | piston |
| pít tông dép váy | slipper skirt piston |
| pittông hình elip | elliptical piston |
| pittông song song / pittông tiếp đôi | tandem piston |
| Polycarbonate/ nhựa PC | Polycarbonate |
| Polypropylene | Polypropylene |
| Polyvinyl butyral | Polyvinyl butyral |
| Prop/ đi khệnh khạng | strut |
| puli đệm | Idle pulley |

| | |
|---|---|
| pương pháp phát hiện lỗ hổng điện từ | Electromagnetic powder method |
| quá mức/ quá nhiều | excessive |
| Quá nóng | overheating |
| Quá nóng | overheated |
| quá trình | process |
| quả nhiên/ quả thật | surely |
| quan điểm/ quan điểm | point of view |
| quan sát | Observe |
| Quan tâm/ chăm sóc | Care |
| quan trọng | important |
| quảng trường | rectangle |
| Quạt điện | Electric fan |
| quạt khớp nối | couplling fan |
| quạt trượt | slip fan |
| quay | rotate |
| quay | spin |
| Quay số | Dial |
| Quay số đo | dial gauge |
| quay trong phạm vi/ bán kính quay vòng | turning radius |
| Quay vòng/ cuộn quanh | Turning around |
| Quây cảm biến góc | crank angle sensor |
| quét khí xả | scavenging |
| quyền lực/ sức mạnh | power |
| quyết định | decide |
| Rác | garbage |
| Rã đông | Defroster |
| Rãi rác | Scattered |
| rãnh | groove |
| Rắc rối | Trouble |

| | |
|---|---|
| rắn chắc | solid |
| rắn piston | solid piston |
| răng | tooth |
| răng cưa | jagged |
| răng cưa | serration |
| rât | Very |
| rất tốt | excellent |
| Rất/ không…một chút nào | cannot say / indiscribable |
| RECO Nhật bản | RECO Japan |
| rèm kiểu túi khí | curtain type airbag |
| ren vít trong | female thread |
| rèn | forging |
| Rỉ | rust |
| Rỉ | rusted |
| Rỉ sét | to rust |
| riêng biệt/ riêng rẽ từng cái | separately |
| Rò rỉ | leakage |
| rõ ràng | clear |
| rõ ràng và chính xác | Clear |
| Ròng rọc | mobile shipe |
| Rộng | Wide |
| Rốt cuộc/ dù thế nào đi nữa | as you know |
| rủi ro | risk |
| Rung chuyển | Shake |
| rung động | vibration |
| rung động cứng nhắc | rigid vibration |
| Rung thứ cấp | Secondary vibration |
| rút gọn/ lược bỏ | abridgement |
| Rút phích cắm | to unplug |

| | |
|---|---|
| rút/ lây ra | Withdraw |
| Rửa | Washing |
| Rửa sạch | Rinse |
| rửa sạch/ súc | rinse |
| rửa xe | car wash |
| sạc | charging |
| sạc ánh sáng | charge light |
| sạc điện | charge |
| Sách | Books |
| sách giáo khoa | textbook |
| sạch sẽ | cleanliness |
| Sạch sẽ / dọn dẹp | clean |
| sai số cho phép | tolerance |
| sản phẩm mới | new product |
| sản xuất | production |
| Sản xuất điện/ phát điện | Power generation |
| Sản xuất OEM | Original Equipment Manufacturer |
| sang trọng/cao cấp | deluxe |
| Sáng bóng | Shiny |
| Sáng kiến/ chủ đạo | Initiative |
| sáp | wax |
| sau đó | then |
| Sắc lệnh/ điều lệnh | Ordinance |
| Sắp xếp | Arrange |
| Sắp xếp/ sự xép thành hàng | alignment |
| sắp/ chẳng bao lâu nữa | Soon |
| Sắt | Iron |
| sắt hàn/ mỏ hàn | soldering iron |
| sân cỏ/ hắc ín | pitch |

| | |
|---|---|
| sân khấu/ bước | stage |
| Sâu / Hư hỏng | damaged |
| sâu/ khó lường/ trầm | deep |
| scribble stick | decrease |
| seal dầu | oil seal |
| selen | selenium |
| siêu tăng áp | supercharger |
| Silencer / bộ giảm thanh | muffler |
| silicon nitride | silicon nitride |
| Slalom | slalom |
| Solenoid | solenoid |
| So sánh | Comparison |
| soạn thảo | drafting |
| soi sáng | shine |
| Soi sáng/ chiếu sáng | Illuminate |
| sỏi | gravel |
| Song song / tương đông | Parallel |
| Sóng hình sin | sine wave |
| Sóng radio | Radio wave |
| sóng siêu âm | ultrasonic wave |
| Số âm | negative nambers |
| số Cetane | cetane number |
| số chẵn | even numbers |
| số chỉ định kiểu mẫu | type specified number |
| Số đăng ký tấm | Number plate |
| số dương | positive numbers |
| Số ít/ số đơn | Singular |
| số không đổi | constant |
| Số lẻ | odd numbers |

| | |
|---|---|
| Số lượng lớn | Large amount |
| Số lượng nhỏ | Small amount |
| Số lượng rất nhỏ | Very small amount |
| số nguyên | integer |
| Số nhị phân | Binary number |
| số sê-ri | serial number |
| Sổ bảo trì | maintenance notebook |
| Sổ dữ liệu | Data book |
| sổ tay | manual |
| Số thứ tự | cardinal numbers |
| Số tờ | Number of sheets |
| sổ xe | fleet number |
| sốc | shock |
| Sơ tán | Evacuation |
| Sợi carbon | carbon fiber |
| Sơ cấp | Beginning |
| sơn kháng pitch | pitch resisting paint |
| Sơn phim / lớp sơn | Paint film |
| Sơn tĩnh điện | electrostatic painting |
| Sơn/ vẽ | paint |
| Spline trục | spline shaft |
| Spoiler trên cằm | chin spoiler |
| sprag ly hợp | sprag clutch |
| sprung trọng lượng | sprung weight |
| Súng phun | spray gun |
| sung sức | Full power |
| suy nghĩ cân nhắc kỹ | Contemplation |
| sự ấm lên toàn cầu | global warming |
| sự bành trướng | expansion |

| | |
|---|---|
| Sự bắt chước | Imitation |
| sự bất đồng | Disagreement |
| sự bức xạ | radiation |
| sự cách nhau | gap |
| sự chậm trễ | delay |
| sự chân thành | sincerity |
| Sự chấp thuận | Approval |
| sự chỉ rõ/ cách | specification |
| sự chiếu sáng | illumination |
| Sự chuẩn bị | Preparation |
| sự công nhận | recognition |
| Sự dự đoán | Prediction |
| sự đa dạng của | a diversity of |
| sự đánh lửa đôi | Dual ignition |
| sự điều hướng | Navigation |
| Sự độc lập | Independence |
| Sự đối lập | Opposition |
| sự đối xử | treatment |
| sự đốt cháy | combustion |
| sự đốt cháy phân tầng | stratified charge combustion |
| sự đúc lạnh | chill casting |
| sự gần kề | soon |
| sự gia tốc | acceleration |
| sự giảm/ sự kém đi | Decline |
| sự giới thiệu | Recommendation |
| Sự hài lòng của khách hàng | Customer Satisfaction |
| Sự khác biệt tiềm năng/ hiệu số điện thế | Potential difference |
| Sự khác biệt/ sự khác nhau | Difference |
| Sự làm ngắn lại | Shortening |

| | |
|---|---|
| sứ mệnh | mission |
| sự nắm vững/ sự cầm chặt | Hold / grip |
| sự nắm vững/ sự hiểu biết | Grasp |
| sự nổ hai giai đoạn | Double stage explosion |
| sự phân chia | division |
| Sự phán xét/ sự phán đoán | Judgment |
| sự phát triển | evolution |
| Sự thành công/ sự tăng tiến | Success |
| sự thật | truth |
| Sự thất bại | Failure |
| sự thay thế | Substitute |
| Sự thích nghi/ sự phỏng theo | Adaptation |
| Sự thiếu | Shortage |
| sự thử trên máy | Bench test |
| sự ưu tiên | priority |
| sự va chạm/ sự sốc | impact |
| Sự xem xét/ sự quan tâm | Consideration |
| Sử dụng | utilization |
| Sử dụng/ ứng dụng | Use |
| Sửa / Sửa chữa | repair |
| sửa sang/ sơn sửa | touch up |
| Sức cản | resistance |
| sức chống rung | damping resistance |
| sức chứa/ dung lượng | capacity |
| Sức mạnh / Quyền lực | power |
| Sức mạnh của áp suất âm cướp đi mã lực của động cơ | pumping loss |
| Sưng lên | Swell |
| sương giá | frost |
| tachograph | tachograph |

| | |
|---|---|
| tách biệt ra/ tách rời ra | to separate |
| Tách/ chia | split |
| Tài liệu | Document |
| Tài sản cá nhân | Personal property |
| tài xế | driver |
| Tái chế | Recycle |
| Tái sản xuất các bộ phận | Re-built parts |
| Tái sử dụng | Reuse |
| Tái tạo động cơ | Re-built Engine |
| Tại chỗ | In place |
| tại sao | why |
| tải trọng tải | loadable load |
| Tải về/ lắp đặt | Install |
| Tam giác | triangle |
| Tạm thời | at once / for the present |
| Tạm thời | for a while / for the time being |
| Tan chảy | Melt |
| Tản nhiệt lưới tản nhiệt | Radiator grille |
| tappets điều chỉnh tự động | self-adjusting tappet |
| tar | tar |
| tát/ cài tát | slap |
| Tay áo | sleeve |
| tay cầm nghiêng / tay lái điều chỉnh độ nghiêng | tilt handle |
| tay lái điều chỉnh độ nghiêng | tilt steering |
| tay lái điều khiển tấm lái | Telescopic steering |
| tay lái rung van điều tiết | steering shake damper |
| tay nắm cửa | door knob |
| tay quay tarô | tap handle |
| tay vịn | arm rest |

| | |
|---|---|
| Tay vịn cửa | Door armrest |
| tăng | increase |
| Tăng cường | Augmentation |
| Tăng cường | Reinforcement |
| Tăng cường/ khỏe lên | Strengthen |
| Tăng giảm | Increase or decrease |
| Tăng lên | Rise |
| tăng trưởng | growth |
| tắt (hệ thống lai) | shut down (hybrid system) |
| Tâm lý | Psychology |
| tấm âm | negative plate |
| tấm bọc cửa (bên trong) | Door trim board |
| tấm lọc không khí | air cleaner |
| Tấn | Tons |
| tầng ozone | ozone layer |
| tập hợp | assemble |
| Tập quán | Custom |
| Tập tin đính kèm / bộ móc nối | attachment |
| Tập tin/ cái giữa | file |
| tập trung | Concentration |
| tập trung | intensive |
| Tất cả | All |
| Tất cả mọi người | Everyone |
| Tất nhiên | Of course |
| Teflon | Teflon |
| Tê | Numb |
| tê tái/ tê liệt | numbness |
| tế bào | cell |
| Tế bào khô/ pin khô | Dry cell |

| | |
|---|---|
| tế nhị | subtle |
| Tệ hơn / xuống cấp | worse / deteriorated |
| Tha thiết | Earnestly |
| Thả góc | drop the corner |
| thải bỏ | disposal |
| thải hạt động cơ diesel | Diesel emitted particulate |
| thăm dò | probe |
| thảm họa | disaster |
| than đá | coal |
| thang đo thẳng | straight scale |
| thanh chịu kéo/ thanh kéo | Tension rod |
| Thanh kết nối cho tay lái | tie rod |
| thanh tháp thanh chống | strut tower bar |
| Thanh thu phí/ cái chắn đường để thu thuế | Toll bar |
| Thanh xoắn | Torsion bar |
| thành công | success |
| Thành lập | Establishment |
| thành phần | component |
| thành phần/ nhân tố | element |
| thành quả | Achievement |
| thành tích | Performance |
| Thành viên | Member |
| thành viên chéo | cross member |
| tháo lắp được | removable |
| tháo rá/ xóa bỏ/ bỏ | remove |
| Tháo rời / Để phân hủy | Disassemble |
| thay đổi | change |
| Thay đổi đẳng nhiệt/ biến đổi đẳng nhiêt | Isothermal change |
| thay đổi đoạn nhiệt | adiabatic change |

| | |
|---|---|
| thay đổi đòn bẩy | change lever |
| Thay đổi isobaric | Isobaric change |
| Thay đổi ngón chân | Toe change |
| Thay đổi vị trí/ đổi chỗ | Shift |
| Thay phiên | take turns |
| thay thế | replace |
| thăng bằng | balance |
| Thắt chặt | Tighten |
| Thẳng | Straight |
| Thậm chí nhiều hơn/ hơn nữa | Even more |
| Thân cây | Trunk |
| Thân cây nắp/ nắp khoang | Trunk lid |
| Thân côn | Taper shank |
| Thần kinh | Nerve |
| Thật thà | Candid |
| Thẻ đồng | caution plate |
| Theo | Follow |
| theo chiều dọc/ thẳng góc | vertical |
| Theo đuổi | Pursuit |
| Theo thứ tự | In sequence |
| Theo tỷ lệ | Proportional |
| Thép | Steel |
| Thép carbon | Carbon steel |
| thép chịu nhiệt / thép bền nhiệt | heat resistant steel |
| thép crom molypden | chromium molybdenum steel |
| Thép đặc biệt | Special alloy steel |
| thép độ bền kéo cao | high tensile strength steel |
| thép đúc | cast steel |
| Thép hợp kim | alloy steel |

| | |
|---|---|
| Thép nhẹ | Mild steel |
| thép Niken Crom | Nickel chromium steel |
| thép Niken Crom, molypden | Nickel chromium molybdenum steel |
| thép thấm nitơ | nitriding steel |
| thép vonfram | tungsten steel |
| thể loại | category |
| Thể loại | Genre |
| thêm áp lực | apply pressure |
| thêm vào | add |
| Thêm/ thừa thãi | Extra |
| thí dụ | example |
| Thí dụ/ mẫu mực | Example |
| Thí nghiệm | Experiment |
| thí nghiệm trên bệ | bench test |
| Thích hợp | Appropriate |
| Thích hợp | Appropriate |
| thích hợp | suitable |
| Thiếc | Tin |
| thiết bị | Facility |
| Thiết bị | Device |
| thiết bị báo động khoảng cách giữa các xe | Vehicle distance alarm system |
| thiết bị cảm biến sóng siêu âm | ultrasonic sensor |
| thiết bị chỉ đạo | steering |
| Thiết bị chiếu sáng | Lighting equipment |
| Thiết bị chuyển tiếp chính/ Hệ thống rơ le chính | Main Relay System |
| Thiết bị cuộn dây đai | seatbelt pretensioner |
| Thiết bị đánh lửa sớm | Ignition advance device |
| thiết bị đầu cuối | terminal |
| thiết bị đầu cuối loại hai điểm | Two point type terminal |

| | |
|---|---|
| thiết bị điện tử | device |
| Thiết bị điện/ đơn vị điện | Power equipment |
| Thiết bị điều khiển thời gian đánh lửa | Ignition timing control device |
| thiết bị hiển thị tốc độ | speed display |
| Thiết bị kiểm soát ổn định xe | Vehicle Safety Control System |
| thiết bị kiểm tra mạch số | Digital circuit tester |
| thiết bị lắp ráp lốp | tire changer |
| Thiết bị lọc | strainer |
| thiết bị phanh | brake system |
| thiết bị phanh servo | brake-servo system |
| Thiết bị truyền công suất động cơ | Power transmission device |
| Thiết bị truyền động | actuator |
| Thiết bị truyền động tuyến tính | linear drive actuator |
| thiết kế | design |
| thiết lập/ đặt | set |
| Thiết yếu | Essential |
| Thiệt hại | damage |
| Thiếu sót | flawed |
| thô | rough |
| thô ráp | rough |
| thợ cơ khí | mechanic |
| thỏa hiệp | compromise |
| Thỏa thuận lớn | Big deal |
| Thoát nước | Drainage |
| Thổi | to blow |
| Thổi ra/ trồi bay đi | blow off |
| thống đốc ly tâm | centrifugal governor |
| thông dụng/ sự được áp dụng | General purpose |
| thông qua bu lông | through bolt |

| | |
|---|---|
| Thông suốt/ thuận lợi | Smoothly |
| Thông thường | Conventional |
| thông thường | usually |
| thông thường/ đại khái | One way |
| thông tin | information |
| Thợ sửa xe diesel hạng 2 | 2nd class diesel car mechanic |
| Thợ thủ công | Craftsman |
| Thời điểm | Time point |
| Thời điểm đánh lửa | Ignition timing |
| thời gian đốt trực tiếp | direct burning period |
| Thời gian phun nhiên liệu | Injection timing |
| thời gian trễ đánh lửa | ignition delay period |
| Thời gian trễ khi turbo hoạt động | turbo lag |
| thời kỳ đốt áp suất không đổi | constant pressure combustion period |
| thu được | Acquisition |
| thu nhập = earnings | income |
| Thủ công | Manual |
| thủ tục | procedure |
| thuận lợi/ hữu lợi | advantageous |
| Thuận tiện / Tiện lợi | convenient |
| Thuận tiện để mang theo | convenient to carry |
| thuần tự siết | tightening order |
| thuật toán | argolism |
| Thuê/ làm/ tiến hành | Engage |
| Thuế | tax |
| Thuộc về/ thuộc vào loại | Belong to |
| Thủy lực / Áp lực nước | hydraulic |
| Thủy ngân | mercury |
| Thư giãn/ tháo ra | Unwind |

| | |
|---|---|
| Thư từ | Correspondence |
| thứ hai | second |
| Thứ hạng cao | High rank |
| thử | try |
| thử nghiệm năng động | dynamic test |
| thừa | excess |
| Thực dụng | Practical |
| thực hành | practice |
| thực hiện/ thực thi | carry out |
| thực lực | Ability |
| thực ra | actually |
| Thực tế | Reality |
| thước đo người gửi | sender gauge |
| thước đo quay số / quay số đo | dial gauge |
| Thước micrômét. | Micrometer |
| thước thẳng | straight ruler |
| Thương mại | Commercial |
| thường xuyên | often |
| thường xuyên/ hay xảy ra | frequent |
| tỉ lệ | ratio |
| Tỉ lệ làm nhiệm vụ/ chu trình hoạt động | Duty ratio |
| Tỉ lệ nhiên liệu không khí | Air-fuel ratio |
| tỉ trọng/ tính dày đặc | density |
| tích cực | positive |
| Tích lũy | Accumulation |
| tích trữ | store |
| tie rod trung tâm | center tie rod |
| tiềm năng/ điện thế | potential |
| Tiềm năng/ viễn cảnh | Prospect |

| | |
|---|---|
| tiền boa / đầu bịt | tip |
| tiền bối | Senior |
| tiền đạo khóa cửa | Door striker |
| Tiền đề | Premise |
| tiền gửi | deposit |
| tiến bộ | Go up |
| tiến hành | proceed |
| tiến lên | move on |
| tiến tới | Forward |
| Tiện | Convenience |
| Tiện ích mở rộng / Sự mở rộng | extension |
| tiếng ồn | noise |
| tiếng ồn bị bóp nghẹt | muffled noise |
| Tiếng ồn chạy ổn định | Cruising noise |
| Tiếng ồn tần số thấp/ âm thanh tần số thấp | Low frequency sound |
| tiếng sét / ốc vít | bolt |
| Tiếp cận | Approaching |
| tiếp điểm | contact |
| Tiếp diễn/ liên tiếp | Continuous |
| tiếp tuyến | tangent |
| tiếp xúc | contact |
| Tiếp xúc kháng chiến | contact resistance |
| Tiết kiệm | Saving |
| Tiêu chuẩn | standard |
| Tiêu chuẩn chứng nhận | Certification standard |
| Tiêu chuẩn công nghiệp Nhật bản | Japanese Industrial Standards |
| Tiêu cực/ phủ định/ âm | Negative |
| tiêu điểm | focus |
| tiêu dùng | consumption |

| | |
|---|---|
| Tiêu tan/ làm vương vãi | Scatter |
| Tiêu tan/ phân tán | Scatter |
| Tiểu bang / Trạng thái | state |
| tìm kiếm | look for |
| tin chắc | Convincing |
| Tín hiệu đánh lửa chính | Ignition primary signal |
| Tín hiệu kĩ thuật số/ tín hiệu dạng số tư | Digital signal |
| tín hiệu rẽ | turn signal |
| Tín hiệu thời điểm đánh lửa | Ignition timing signal |
| Tín hiệu truyền thông | correspondence signal |
| tín hiệu/ đèn hiệu/ báo hiệu | signal |
| Tín hiệu/ hiệu lệnh | sign |
| Tình cờ | By chance |
| Tình cờ gặp/ vấp | Stumble |
| Tình cờ/ nhân tiện | Incidentally |
| Tình hình/ tình huống | Situation |
| Tình trạng | Condition |
| tính cẩu thả | Be alert |
| tính chất dính/ Sự bền bỉ | Tenacity |
| tính chịu mài mòn | abrasion resistance |
| tính chịu nhiệt / độ bền nhiệt | heat resistance |
| tính sạch sẽ | Cleanliness |
| tĩnh | static |
| Tĩnh điện | static electricity |
| tĩnh mạch | vein |
| Tổ chức tiêu chuẩn quốc tế | International Standardization Organization |
| To lớn | Enormous |
| Toa xe giao hàng | Delivery wagon |
| Toàn bộ | The entire |

| | |
|---|---|
| Toàn diện | Comprehensive |
| Tô màu | Coloring |
| tốc độ | speed |
| tốc độ đỉn | tip speed |
| Tốc độ thoát điện | Discharge rate |
| tốc độ thứ hai | second speed |
| tốc độ trung bình | medium speed |
| Tôi không có năng lượng để di chuyển | Power loss |
| tôi rất thích | I'd love to |
| tóm lại/ tức là | That is |
| tổng thể tích | total volume |
| Tổng trọng lượng của xe | vehicle total weight |
| tốt hay xấu | good or bad |
| Tốt nhất/ tối đa | At best |
| Tờ khai | Declaration form |
| trách nhiệm | responsibility |
| Trang bị | Equip |
| Trang thiết bị | Equipment |
| tránh / Để tránh | avoid |
| trans trục cho lai | hybrid trans axle |
| tranzito công suất | Power transistor |
| trao đổi/ đổi | exchange |
| Trắng | mud |
| trầm tích | sediment |
| Trận đấu/ thống nhất/ nhất trí | match |
| Tread mẫu/ loại mặt gai lốp | Tread pattern |
| Trên fender | over fender |
| Trí tưởng tượng | Imagination |
| triển lãm mô tô | motor Show |

| | |
|---|---|
| Trình điều khiển vòi phun | injector driver |
| trình độ | degree |
| Trình tự đánh lửa | Ignition sequence |
| tròn | round |
| trong chớp mắt | in an instant |
| trong khoảng | about |
| Trọng lực | gravity |
| Trọng lượng của xe | vehicle weight |
| Trọng lượng để giữ thăng bằng | Counterweight |
| Trọng lượng khô | dry weightdry |
| trọng lượng riêng | specific gravity |
| trong một thời gian | for a while |
| Trong suốt | Transparent |
| trong tiên vôn/ trước | in advance |
| trong trường hợp đó | in that case |
| trốn/ mất tập trung | Distract |
| Trộn trong | Blend in |
| trở nên cứng / trở nên bị cứng | to become hard |
| trở thành sự thật | come true |
| Trời lạnh / Lạnh | cold |
| Trơn tru | Smooth |
| Trụ cột | Pillar |
| trục | shaft |
| Trục | spindle |
| Trục | axleshaft |
| Trục bán nổi/ trục nửa thoát tải | Semi-floating axle |
| trục bộ cánh quạt | Propeller shaft |
| Trục cam | camshaft |
| trục cánh quạt chống rung | anti-vibration type propeller shaft |

| | |
|---|---|
| trục chân vịt 3 khớp | three joint propeller shaft |
| trục chính bánh xe trước | front wheel nackle spindle |
| trục chính Knuckle | Knuckle spindle |
| trục dẫn động | Drive shaft |
| trục đàu ra | output shaft |
| Trục gá | shaft |
| Trục lái | steering axle |
| trục quang | optic axis |
| trục rỗng | hollow shaft |
| trục trung tâm | central axis |
| trục tuabin | turbine shaft |
| trục xe bán nổi | semi floating axle |
| Trung bình | average |
| Trung bình cộng | average |
| Trung cấp / ở giữa | intermediate |
| Trung hòa | Neutralization |
| Trung học-side giải nén buồng | secondary chamber |
| trung khu | Central |
| trung tâm | center |
| Trung tâm chết | Dead center |
| Trung tâm chết hàng đầu | Top dead center |
| trung tâm đo | center gauge |
| trung tâm mang | center bearing |
| Trung thực | Honesty |
| Trung tính/ trung lập | neutral |
| Truy xuất nguồn gốc/ khả năng tạo vết | Traceability |
| truyền đạt/ chuyển giao | Transmission |
| truyền động trực tiếp | direct drive transmission |
| truyền động xích | chain drive |

| | |
|---|---|
| truyền thông đa kênh | multiplex communication |
| Trực tiếp | Directly |
| Trưng bày/ màn hình | Display |
| Trước | In advance |
| Trước và sau | Front and back |
| Trường Cao đẳng nghề/ trường chuy ên | Vocational college |
| trượt | slip |
| Trượt / Để trượt | slip / slide |
| Trượt xuống | slide down |
| Tụ điện | capacitor |
| tụ điện hóa | Electrolytic capacitor |
| tuabin | turbine |
| tuabin runner | turbine runner |
| Túi khí | airbag |
| Túi khí điện | Electric air bag |
| Tủ quần áo/ máy mài sắc/ dụng cụ sửa | Dresser |
| tuốc nơ vít Phillips | phillips screw driver |
| tuổi thọ | lifespan |
| tuổi thọ máy móc | service life |
| tuôn ra/ sự trào ra | flux |
| turbo kép | twin turbo |
| turbo ổ đĩa | turbo drive |
| Turbo tăng áp gốm | ceramic turbocharger |
| Tuy nhiên | however |
| tuyên bố/ nói rõ | State |
| Tuyệt vời | excellent |
| Tuyệt vời/ gây sửng sốt | Awesome |
| Tuyệt vọng | Desperation |
| tự cảm ứng | self induction |

| | |
|---|---|
| Tự đánh lửa | spontaneous ignition |
| tự đánh lửa | self-ignition |
| Tự động | Automatic |
| Tự khởi động | self starter |
| Tự khởi động | self motor |
| Từ lúc bắt đầu đến khi kết thúc | From beginning to end |
| Tự phóng điện | self discharge |
| Tự ý | arbitrarily |
| Từng cái một | One by one |
| từng chút một | little by little |
| Tương đối | Relatively |
| Tương đương | Equivalent |
| Tương hỗ/ đối ứng | Mutual |
| Tương phản/ sự so sánh | Contrast |
| Tương tự/ đồng nhất | Same |
| Tỷ lệ A / R | A/R ratio |
| tỷ lệ áp suất | pressure ratio |
| Tỷ lệ bánh răng | gear ratio |
| Tỷ lệ chuyển nhượng/ tỷ số truyền | Transfer ratio |
| tỷ lệ lốp trượt | tire slip ratio |
| tỷ lệ tăng tốc | overdrive ratio |
| tỷ lệ tốc độ | speed ratio |
| Tỷ lệ xả pin | Discharge rate |
| Universal joint/ khớp nối các đăng | Universal joint |
| Ước lượng/ suy đoán | Estimation |
| Ướt sũng/ sâu sắc | Soaked |
| va chạm | collision |
| Và | And |
| và được nêu ra | Yet |

| | |
|---|---|
| vai trò | role |
| Valvetronic/ van điện tử | Valvetronic |
| van an toàn | safety valve |
| Van cứu trợ/ van xả | Relief valve |
| Van điện từ di chuyển ở mỗi chu kỳ tù y thuộc vào tốc độ bật / tắt tín hiệu | Duty solenoid valve |
| Van điều khiển áp suất dầu phanh cho phanh hai hệ thống | Dual positioning valve |
| Van điều khiển nhàn rỗi | Auxiliary Air Control Valve |
| Van điều tiết | damper |
| van điều tiết động | dynamic damper |
| van gió | choke valve |
| van hãm kép | Dual brake valve |
| Van hút khí | intake valve |
| Van kép | Dual valve |
| Van làm mát bằng natri | Sodium cooling valve |
| van làm trễ | Delay valve |
| Van lơn/ lằng nhằng | Insistent |
| van ống | spool valve |
| van phân phối/ van cung cấp | Delivery valve |
| van Solenoid | solenoid valve |
| van tay áo | sleeve valve |
| Van tiết lưu | throttle valve |
| Van xả | Discharge valve |
| Van xả | Exhaust valve |
| Van xả/ van ra | Discharge valve |
| Vanadi | Vanadium |
| ván đỡ chân | Toe board |
| vành | brim |
| Vành | rim |
| Vành đai thời gian | timing belt |

| | |
|---|---|
| Variable valve thời gian hệ thống | variable valve mechanism |
| văng lên | splash |
| vắt kiệt | squeeze |
| Vận tốc không đổi | Constant velocity |
| Vẫn/ chịu đựng | Still |
| Vật chất | Substance |
| Vật chất | Material |
| Vật chất dạng hạt lơ lửng | Suspended Particulate Matter |
| vật dẫn điện | conductor |
| Vật liệu chống điện | Insulation resistance |
| Vật liệu đóng gói/ sự trang trí xe | Trim |
| vật liệu giảm rung | vibration suppression material |
| Vật liệu hấp thụ âm thanh | sound absorbing material |
| Vây đuôi | Tail fin |
| véo/ kẹp/ nắm | Pinch |
| Vết dầu | oil stain |
| vết lõm | Dent |
| vết nứt | crack |
| Vi sai bánh | Dfiffrencial |
| vì lý do đó | for that reason |
| vì lý do này / vì thếvì thế | So / for this reason |
| vì thế | therefore |
| vì thế | Therefore |
| Vì thế/ và | So |
| Vì vậy, để nói/ có thể nói như là | So to speak |
| ví dụ | for example |
| vị trí | position |
| Vị trí | Placement |
| Vị trí của một bó dây thép để cố định lốp vào bánh xe | tire bead |

| | |
|---|---|
| Vị trí trung lập/ vị trí số không | Neutral position |
| Việc làm | Employment |
| việc xử lý sự cố | Trouble shooting |
| vít | male thread |
| Vít điều chỉnh van tiết lưu | throttle adjusting screw |
| vít ISO | ISO screw |
| vít tán/ bu lông tán | stud bolt |
| vít tăng đơ | turnbuckle |
| Vít tự khai thác/đinh ốc tự khóa | self tapping screw |
| vỏ bao bi sai | Differential housing |
| vỏ che quạt | Fan shroud |
| vỏ tuabin | turbine housing |
| vòi / Công cụ để luồng | tap |
| vòi nước | faucet |
| Vòi phun | injector |
| vòi phun ga/ vòi phun tiết lưu | throttle nozzle |
| vòi phun nhiều lỗ | multi-hole nozzle |
| vòn chữ O | O-ring |
| vonfram | turngsten |
| Vòng bánh/ vòng răng bánh đà | ring gear |
| vòng bi | ball bearing |
| Vòng bi / Ổ đỡ trục | bearing |
| vòng bi trượt | suibel bearing |
| Vòng piston loại côn | Taper face type piston ring |
| Vòng piston trên đỉnh piston | Top ring |
| vòng quay | Turnover |
| vòng trượt | slip ring |
| Vòng tuần hoàn | Circulation |
| Vòng xoay/ sự tự xoay vòng | rotation |

| | |
|---|---|
| vô cực | Infinity |
| Vô hạn/ không bờ bến | infinite |
| vô ích/ vô dụng | useless |
| vô kỷ luật/ một cách thiếu suy nghĩ | indiscreetly |
| vô lăng | steering wheel |
| vô lý | Unreasonable |
| vô ly´ | absurd |
| Vô nghĩa | Meaningless |
| Vô số | Countless |
| Vô tình | Unknowingly |
| Vỗ tay / Tát | clap / Slap |
| Vội vàng | Rush |
| Vôn | Voltage |
| vỡ | rupture |
| vỡ mạnh/ đánh mạnh | bang |
| Với | With that |
| Vừa đủ) | Enough |
| Vừa vặn ở đó | Fit there |
| Vượt qua | Pass |
| vứt đi | throw away |
| xã hội tái chế | recycling society |
| xác định / xác nhận | confirm |
| xác minh/ so sánh | Collation |
| Xác thực/ sự chứng nhận | Certification |
| Xảy ra/ nảy sinh | Occur |
| xăng | gasoline |
| Xâm phạm | Violate |
| xấu đi/ hư hỏng | deteriorated |
| xây dựng | construction |

| | |
|---|---|
| Xe | inflator |
| Xe an toàn | safety vehicle |
| xe ba bánh | three wheeler |
| xe ba bánh | Tri-cycle |
| xe bồn | tank lorry |
| xe đặc chế | custom car |
| xe để giao hàng | Delivery car |
| Xe điện | Electric Vehicle |
| xe hết hạn sử dụng | End-of-Life Vehicle |
| Xe hơi methanol | Methanol Vehicle |
| xe khí nén tự nhiên | Compressed Natural Gas |
| Xe lai/ xe lai ghép | Hybrid Vehicle |
| Xe máy/ xe mô tô | Motorcycle |
| Xe mới | new car |
| xe năng lượng mặt trời | solar car |
| xe nhiên liệu kép | dual fuel vehicle |
| xe nhiên liệu/ xr bi-fuel | bi-fuel vehicle |
| xe ô nhiễm siêu siêu thấp | Super Ultra Low Emission Vehicle |
| xe ô nhiễm siêu thấp | Utra Low Emissin Vehicle |
| xe ô nhiễm thấp | Low Emission Vehicle |
| Xe ô tô cũ | secondhand car |
| xe ô tô đã sử dụng | End of Life Vehicle |
| xe ô tô Hydro | Hydrogen Vehicle |
| xe pin nhiên liệu | Fuel Cell Vehicle |
| xe sử dụng khí tự thiên nhiên hóa lỏng | Liquefied Natural Gas Vehicle |
| xe tải | truck |
| Xe tải giao hàng | Delivery van |
| xe tải tự đổ / xe lật | dump truck |
| Xe thể thao | sport car |

| | |
|---|---|
| Xé nhỏ | Tear off |
| Xé nhỏ/ bóc | Tear off |
| xếp/ đặt / Bộ | place / set |
| xi lanh | cylinder |
| xi lanh an toàn | safety cylinder |
| xi lanh chính | master cylinder |
| xi lanh chủ kép | dual master cylinder |
| xi lanh chủ tandem | tandem master cylinder |
| xi lanh khoan | cylinder bore |
| xi lanh phanh chính | Brake master cylinder |
| Xi mạ | Plating |
| xích chuỗi / bánh xích | chain sprocket |
| xích con lăn kép | double roller chain |
| xiên | slant |
| xin vui lòng/ dù sao | some / anyway |
| Xóa | Erase |
| xóa tạm thời | temporary deletion |
| xóa vĩnh viễn | eternal deletion |
| Xoay | Turn |
| xoáy | swirl |
| Xoắn | twisted |
| Xoắn | Twist |
| xu hướng | bias |
| Xuyên tạc | Distort |
| xử lý bề mặt | surface treatment |
| xử lý thấm nitơ | nitriding treatment |
| xử lý/ bánh lái | handle |
| ý thức chung | common sense |
| Yếu | weak |

| | |
|---|---|
| **Yếu đuối/ điểm yếu** | **Weakness** |
| **yếu tố an toàn** | **safety factor** |